零起步学编织

新款实用钩针教程

编织人生 思思 主编

辽宁科学技术出版社
沈 阳

编委会

图书在版编目（CIP）数据

零起步学编织：新款实用钩针教程 / 编织人生，思思主编 . —沈阳：辽宁科学技术出版社，2014.9

ISBN 978-7-5381-8765-6

Ⅰ . ①零… Ⅱ . ①编… ②思… Ⅲ . ①毛衣—钩针—编织—图解 Ⅳ . ①TS935.521-64

中国版本图书馆CIP数据核字（2014）第178582号

出版发行：辽宁科学技术出版社

　　　　　（地址：沈阳市和平区十一纬路29号 邮编：110003）

印 刷 者：辽宁泰阳广告彩色印刷有限公司

经 销 者：各地新华书店

幅面尺寸：210mm×285mm

印　　张：7

字　　数：200千字

印　　数：1～4000

出版时间：2014年9月第1版

印刷时间：2014年9月第1次印刷

责任编辑：赵敏超

封面设计：颖 溢

版式设计：颖 溢

责任校对：李淑敏

书　　号：ISBN 978-7-5381-8765-6

定　　价：29.80元

投稿热线：024-23284367 473074036@qq.com

邮购热线：024-23284502

http://www.lnkj.com.cn

编织人生网
www.bianzhirensheng.com

织毛衣，就上编织人生！

目 录

从头到尾教你织

A

CHENGHUANGSEQUNYI

橙黄色裙衣

浪漫的**黄色**中袖裙衣，带来无限美感，比起昂贵的橱窗，**自己动手**来一件岂不美哉！

B

粉色长裙

柔美的**粉色**长裙，打造甜美的**公主范儿**，
最是那回眸一笑的温柔，穿上它参加**时尚**大派对，
你绝对赚足回头率。

C

HUDIEXIUBAIDAZHAOSHAN

蝴蝶袖百搭罩衫

宽松的**双色**蝴蝶袖罩衫，不挑身材，**优雅灵动**一瞬间展露无疑。

MEIGUIPINHUADOUPENGYI

玫瑰拼花斗篷衣

不用挖袖，不用挖领，不用缝合，想怎么连就怎么连。如果你也想偷懒，不想挖袖不想挖领不想去缝合，那么就来一起**钩花**吧。**漂亮又省事**。

可爱简约的立领洞洞衣，
时尚百搭，春日气息迎面
而来，穿上它一起去郊游吧。

E

LILINGDONGDONGWAITAO

立领洞洞外套

春天，花都开了，草都绿了，适合到**郊外走走**。邀上好友一家也去郊外感受春天的气息。衣服也如春天一样**绚丽多姿**！

G

名媛-优雅拼花连衣裙

淡淡的**紫色**优雅的颜色，收腰的设计展现**迷人**的曲线，**甜美**小圆领可爱而美丽，**镂空**的大花纹性感而灵动。

H
ZHIYEERZUICHANGQUN
紫叶儿醉长裙

叶儿片片，紫色**柔情**，吊带款更显清凉，非常实用**大方**的一款小裙哦。

小清新的淡雅绿色加上甜美气息的白色蕾丝，打造甜美的时尚小公主形象。

I

清新淡雅绿贵妃

素雅的**白色**让人仿佛一下子心都柔软起来，**精致**的拼花外套带给你**出众**的优雅气质。

J

BAISEPINHUACHANGWAITAO

白色拼花长外套

K

HONGSEGEXINGBEIXIN

红色个性背心

简约的**红色**小背心，不用穿打底衫也能轻易**驾驭住**，完美夏日一起去**欢歌**吧。

L

PINHUAQUNSHAN
拼花裙衫

亮眼的**橙黄色**拼花裙衫，不挑身材，想宽松想变长多加一组花型即可，随需要自己**创**意吧，来一件属于你的**独特**小裙衣。

M

MAHAIMAODOUPENGPIJIAN

马海毛斗篷披肩

马海毛**独特**的质地，造就了**暖融融**的时尚小披肩，穿上出门，暖和又**时尚**。

N

FENGQINGLIANYIQUN

风情连衣裙

梦幻的连衣裙款，哪个女人会不怦然心动，一起钩编如歌女人梦吧。

O

JIANYUEHUANGSEKAISHAN

简约黄色开衫

亮丽的**黄色**让人心情愉悦，搭配蕾丝

小衫，一起来一次浪漫的**约会**吧。

P

HUAYUXIAOPIJIAN

花语小披肩

简单的小披肩，仿佛在诉说无尽的**柔情**，垂坠的花朵在歌唱夏日的**清新**，赶紧为自己钩一件吧。

Q

ZISEVLINGBEIXIN

紫色V领背心

不似日常的**镂空**花型，紧密细致的钩针款，兼具**保暖**实用，深沉的**紫色**更具魅力气息。

OL必备短裙，用钩针演绎
无限温情，穿上它去办公室，
一定赚足眼球。

R
OLLANSEDUANQUN
OL蓝色短裙

S

海洋之心拼花小坎肩

简单的款式也藏着设计者的小秘密，蓝白色清爽大气，这个夏天你又怎能错过如此美衣！

独特的双V领收肩款裙衣，让你展现与众不同的魅力气质。

T

HUANGSEQUNYI

黄色裙衣

U

LANGMANJUHONGSHAN

浪漫橘红衫

优雅的**橘红**小衫，搭配白色蕾丝花边裙，
感受小女人的**妩媚**与**优雅**气息吧。

ν

双排扣外套

双排扣的设计，时尚大方。亮丽的颜色舞动出青春气息。

W

绿色拼花套头衫

简单的款式，新手也能学会哦，**朵朵**
拼花连成一件**亮丽**的套头小衫，赶紧
试试吧。

X

FENZISEZHAOSHAN

粉紫色罩衫

百搭**时尚**小衫，夏日衣橱必备，**粉紫**色充满浪漫与幻想，很是**甜美**的一款罩衫。

Y

FENSEMUERBIANXIAOWAITAO
粉色木耳边小外套

木耳边的 **开衫** 小外套，简单易学，时尚百搭，

粉色 更显甜美气息哦。

Z

HUANGSEXIAOWAITAO
黄色小外套

修身款的小外套，拉长身体线条比例，
怎么搭配都好看哦。

A'

HUAERDUODUOXIAOKANJIAN

花儿朵朵小坎肩

小坎肩在炎炎夏日属**必备品**，遮掉手臂多余赘肉又能美美地穿起吊带裙，亲们，赶紧动手来一件吧。

玫瑰斗篷披肩

1. 单元花一线连

图1　起36个辫子，回数8个辫子引拔成圈。

图2　在大辫子上引拔1针后钩第1圈是12组3辫子1短针的狗牙针。然后在大辫子上往上引拔4针开始第2圈。

图3　钩3辫子1长长针（长长针需要在狗牙的背后插针，狗牙花蕾钩出来才有立体感）。

图4　同样的方法继续钩3辫子1长长针的组合，共形成12组，最后在起始位置引拔完成第2圈。

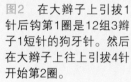

图5　在每个格里钩1短针2辫子5长针2辫子1短针，共12组花瓣。

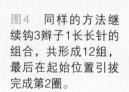

图6　从花瓣的背后插针钩1圈5辫子1短针的网格。

图7　最后1个5辫子是先钩2个辫子，再在大辫子数3针引拔成圈。下一圈开始在大辫子上往上引拔3针。

图8　继续钩2长针之后钩（3辫子1短针5辫子1短针3辫子3长针5辫子3长针）3组。3辫子1短针3辫子1短针5辫子1短针3辫子3长针，2辫子再在大辫子上数3针引拔。

图9　在大辫子上再往上引拔3次。

图10　继续钩形成4组6长针5辫子1短针5辫子6长针5辫子，最后那个5辫子是钩2辫子之后在大辫子上数3个辫子引拔。

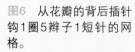

图11 在大辫子上往上引拔3次，这时大辫子上只剩下5个辫子。

图12 继续钩1个长针后在对面第2个长针对应的位置钩1短针（或1引拔针）连接。

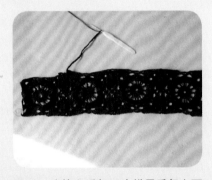

图14 连接之后起36个辫子重复上面的步骤进行单元花一线连。第1排钩4个单元花，然后回补到第1排的第2个单元花处钩完6长针之后，起36个辫子开始钩第2排单元花。

图13 继续钩3长针之后与对面相应位置的长针连接，再钩3长针后又与对面相应位置长针连接，然后钩3辫子回来1短针，2辫子后在对面1短针，再2辫子回来1短针。再3个辫子钩长针部分。长针部分按照前面的连接，有3个连接点。

图15 第2排钩4个单元花。然后回补到第2排的第2个单元花钩完6个长针之后，起36个辫子开始钩第3排的单元花。

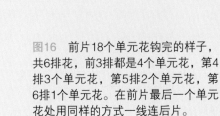

图16 前片18个单元花钩完的样子，共6排花，前3排都是4个单元花，第4排3个单元花，第5排2个单元花，第6排1个单元花。在前片最后一个单元花处用同样的方式一线连后片。

2. 半花的钩法

图17　起8个辫子成圈，在圈上钩6组3辫子1短针的狗牙形成花蕾。

图18　翻面，起7辫子，钩1外钩长针3辫子6组之后，再1外钩长针。

图19　钩外钩长针是为了翻过来花蕾是立体的。

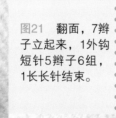

图21　翻面，7辫子立起来，1外钩短针5辫子6组，1长长针结束。

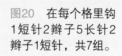

图20　在每个格里钩1短针2辫子5长针2辫子1短针，共7组。

图22　翻面，6辫子立起，3长针3辫子1短针5辫子1短针3辫子3长针，5辫子，3长针3辫子1短针5辫子1短针3辫子3长针，2辫子1长长针。

图23　翻面，6辫子立起来，6长针5辫子1短针5辫子6长针，5辫子，6长针5辫子1短针5辫子6长针，2辫子1长长针。

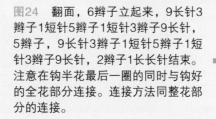

图24　翻面，6辫子立起来，9长针3辫子1短针5辫子1短针3辫子9长针，5辫子，9长针3辫子1短针5辫子1短针3辫子9长针，2辫子1长长针结束。注意在钩半花最后一圈的同时与钩好的全花部分连接。连接方法同整花部分的连接。

3. 披肩正身完成的样子。

图25　领口前后各补2个半花，底边前后各补7个半花。披肩完成一共是36个全花和18个半花。

图26　底边钩用1长针3辫子1长针来补角一圈后钩花蕾小流苏。
钩2短针之后在上圈3辫子中间钩14个辫子，回数5个辫子围成圈。

图27　在圈上钩6个狗牙的花蕾。

图28　在剩下的9辫子上引拔9次回到根部。

图29　钩3短针之后继续钩这样的花蕾流苏

图30　底边钩一整圈这样的小花蕾流苏。

图31　领口钩1圈1短针4辫子之后，钩1圈3辫子3长针1短针的花边。

图32　整体完成图。

白色拼花长外套

1. 先钩衣身部分

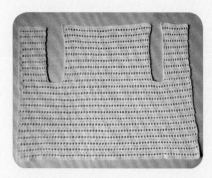

图1 整起120针，钩1行全长针，钩1行1长针1辫子的方格，共64个方格。全长大概66cm。钩25行后挖袖，袖口各留4个方格4cm，后片是34个方格36cm，前片每边个11个方格11cm。分别再往上钩18行18cm。

2. 钩单元花

图2 4辫子成圈，钩第1圈8个短针，第2圈钩1短针5辫子1短针共钩4组

图4 第3圈：然后钩3辫子，5长针3辫子的组合3组，一共是4组，引拔结束。

图3 第3圈：3辫子立起来，钩4个长针。

图5 第4圈：钩1短针5辫子1短针3辫子1短针3辫子4组。

图6 第5圈：3辫子立起来，钩6个长针。

图7 第5圈：继续钩1短针3辫子1短针后，再钩7长针1短针3辫子1短针3组。7长针钩在上圈的5辫子处，3辫子两边的1短针分别在上圈的3辫子处。

图8 第6圈：1短针3辫子1短针5辫子，1短针3辫子4组，1短针5辫子1短针3辫子1短针后起16个辫子开始下一个单元花。

3. 单元花一线连

图9　在起的大辫子上数4针引拔成圈，然后在大辫子上引拔1针，7个短针之后，在起始引拔的地方引拔成圈。

图10　在大辫子上引拔1针，再钩3辫子1短针4组，最后也是在起始位置引拔成圈。

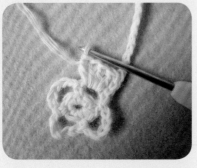

图11　在大辫子上往上引拔3针，再钩4个长针。

图12　继续钩3辫子5长针3组，最后3辫子与大辫子上的引拔成圈。

图13　在大辫子上引拔1针，钩5辫子1短针3辫子1短针3辫子1短针4组。

图14　在大辫子上向上引拔3针，最后大辫子上只剩下3个辫子。

图15　继续钩6长针1短针3辫子1短针，7长针1短针3辫子1短针3组。引拔完成这一圈。

图16　单元花连接，3辫子处用1辫子1短针1辫子连接。转角5辫子处用2辫子1短针2辫子连接。图右边为第1个单元花。

图17　继续钩4组3辫子1短针，5辫子1短针，3辫子1短针之后停针的地方起16个辫子开始下一个单元花。

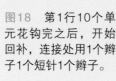

图18　第1行10个单元花钩完之后，开始回补，连接处用1个辫子1个短针1个辫子。

图19 转角处用2辫子1短针2辫子来连接，其他地方都是用1辫子1短针1辫子连接。其他不连接处都是钩3辫子1短针。转角是5辫子1短针

图20 一直回补到第1个花，钩完3辫子1短针之后起16个辫子开始第2行的第1个单元花。

图21 同样的方法钩好第3行单元花后，在第3行的最后一个单元花钩完3辫子1短针之后起16个辫子开始下一个单元花。同样的方法一直往上钩4个单元花。

图22 在往下回补单元花的过程中与衣身连接好。

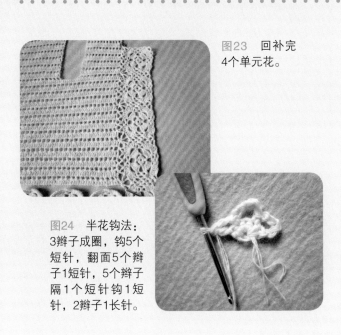

图23 回补完4个单元花。

图24 半花钩法：3辫子成圈，钩5个短针，翻面5个辫子1短针，5个辫子隔1个短针钩1短针，2辫子1长针。

图25 翻面，4辫子立起来，2长针3辫子，5个长针，3辫子2长针，1长长针结束。

图26 翻面，依次钩1短针2辫子1短针3辫子1短针3辫子1短针5辫子1短针3辫子1短针3辫子1短针2辫子1短针。

图27 翻面，4辫子立起来3长针，1短针3辫子1短针，7长针，1短针3辫子1短针，3长针1长长针结束。

图28 底边钩6组1短针3辫子1短针。

图29 钩半花最后一圈的同时与衣身和下面的单元花连接好。

图30 第3排单元花回补时与衣身下摆连接。

图31 在第三排第一个单元花处网上钩4个单元花和1个半花,在钩的过程中同时连接衣身部分。

图32 花拼好之后,肩部连接好。

4. 钩袖子

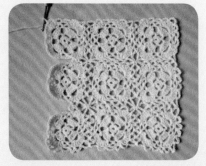

图33 袖子起3个单元花钩3行。

图34 在回补的过程中将袖子连接缝合。

图35 回补缝合完袖子回到起始位置。

图36 往上钩1行长针,每个格子里钩3个长针,一起钩了54个长针。

图37 袖子也是1行长针1行1长针1辫子的花样。

图38 衣服左右前片补角,用3辫子1长针4组,两花衔接处用3辫子1长长针3辫子1长长针。

图39 全花与半花连接处用3辫子1长针3辫子1中长针3辫子1短针,一直到领口部分都是用3辫子1短针来补角的。

图40　补角之后衣边钩8行短针1行狗牙，其中一边需要挖扣眼。

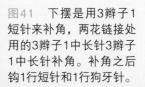

图41　下摆是用3辫子1短针来补角，两花链接处用的3辫子1中长针3辫子1中长针补角。补角之后钩1行短针和1行狗牙针。

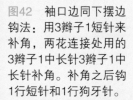

图42　袖口边同下摆边钩法：用3辫子1短针来补角，两花连接处用的3辫子1中长针3辫子1中长针补角。补角之后钩1行短针和1行狗牙针。

图43　衣服完成。

1. 钩下摆花样

图1　第1行：起20个辫子，往回数第8个辫子上钩1个长针1个辫子，隔1个辫子钩1长针1辫子5组后1长针结束。

图2　第2行：翻过来钩5个辫子和13个长针（在上一行长针处与间隔的辫子处均钩长针）

图3　第3行：翻过来，钩7个辫子，5个长针，5个辫子（间隔5个长针），5个长针（最后2个长针插针在上一行5辫子的第4和第5个辫子处）。

图4　第4行：翻面，钩7个辫子，回数到第1、第2个辫子处分别钩1个长针，然后在上行的长针处再钩3个长针，4辫子，在上一行的5辫子处钩1个狗牙，再钩4辫子3个长针。

图5　第5行：翻面，钩7个辫子，5个长针5个辫子5个长针。

图6　第6行：翻面，钩4个辫子，在第3个长针上开始钩长针，共钩13个。

图7　然后开始重复第1行到第6行的钩法。
第7行：翻面，钩7个辫子，1长针1辫子6组，1长针结束。
第8行：翻面，钩5个辫子，13个长针。

图8 一直钩到自己想要的长度，模特展示这件总共钩了16组花的长度。

图10 横向钩完单元花后，再纵向钩花边。第1行：钩4辫子1短针4组，7辫子1短针，再4辫子1短针3组。重复。

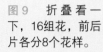

图9 折叠看一下，16组花，前后片各分8个花样。

图11 一直钩到最后一个花样，3组4辫子1短针后钩1个长长针结束。

图12 花边第2行：翻面，6辫子立起来，隔1个4辫子的格子钩1个长长针，再隔1个4辫子的格子在上一行7辫子处钩1长长针2辫子5组。然后再隔1个4辫子的格子钩1个长长针2辫子这样重复3次后，在下一个7辫子处钩1长长针2辫子5组，这样一直重复。

图13 在最后一个花的7辫子处钩完7辫子处钩1长长针2辫子5组后，钩1长长针2辫子1长长针结束这一行。

图14 花边第3行：翻面钩短针，顶端的花瓣处钩狗牙针4组。

图15 整个下摆花边完成的样子。

图16 首尾缝合之后钩1圈4辫子1短针的，短针在7辫子中央处。

图17 钩1圈长针之后开始排花样。20长针，隔2针钩2长针1辫子2长针，隔3针钩1辫子，然后钩5长针，1辫子，隔3针钩2长针1辫子2长针，隔2针钩1长针1辫子7组，然后这样对称钩。前后片各104针，一共是208针。

图18　一直往上圈钩，前后中心花样跟下摆中心花样一样，每15针6行一个花样。

图21　袖口减针细节：减针3行，共减掉13针（4.5cm）

图19　中心花样细节。

图22　肩部减针细节。

图20　这样钩了36行开始挖袖，再钩18行开始挖肩，肩部再钩1行。

图23　成品图。

橘红拼花裙衣

1. 钩领围部分

图1　4辫子成圈，3辫子立起来钩长针

图4　共钩12组，最后用短针引拔成圈。

图7　再钩11个长针，共12组，引拔成圈。

图2　包括立起来的3辫子一共是12组长针，最后在起头的3辫子引拔成圈

图5　钩5组1短针3辫子1短针之后起14针辫子开始下一个单元花。

图8　在大辫子上向上引拔3次，然后钩1长针，钩11组1辫子2长针，最后在大辫子上数1辫子引拔成圈。最后大辫子上剩下3个辫子。

图3　3辫子立起来1长针1辫子，然后钩2长针1辫子的组合。

图6　在大辫子上数4个辫子引拔成圈，再在大辫子上引拔3次。

图9　钩1辫子，然后在对面花的3辫子中间处钩1短针连接，然后再钩1辫子，回来在花的下一空格里钩1短针连接。

图10 钩6组1短针2辫子1短针的网格后，起14个辫子开始第3个花。

图11 第3，4，5，10，11，12个单元花最后一圈都是钩5组3辫子网格后起14个辫子开始下一个单元花。第6，9，13个单元花最后一圈都是钩6组3辫子网格后起14个辫子开始下一个单元花，第7，8个单元花最后一圈都是钩7组3辫子网格后起14个辫子开始下一个单元花，共钩了14个单元花。

图12 14个花钩完后用3辫子1短针的网格回补，在两花的连接处用1辫子1短针1辫子来连接。

图13 回补到第13个花，钩1个3辫子网格后起14个辫子开始第15个单元花。

图14 继续回补到第6个单元花，钩1个3辫子网格后起14个辫子开始第16个单元花，在钩第16个单元花最后一圈3辫子网格同时与第7、8、9个单元花的两个网格相连。

图15 16个单元花完成的样子。

图16 折叠一下看效果。

图17 回补到第1个花，起16个辫子开始第2行的单元花。第2、3行都是14个单元花，单元花第1、2圈跟第1行的单元花一样，就是最后那个网格的辫子数由3个辫子变成了5个辫子。

图18 用2辫子1短针来连接，与第1个单元花1个连接点，与第14个单元花2个连接点，然后再钩1个5个辫子的网格后，起16个辫子开始下一个单元花（第18个单元花）。

图19　以后的13个单元花都有5个连接点，与前一个单元花1个连接点，与上一行的2个单元花均有2个连接点，之后再钩1个5辫子的网格，再起16辫子开始下一单元花。

图22　第3行钩了2个单元花的样子，注意每个花有5个连接点，与前1个单元花1个，与上一行2个单元花均有2个连接点。

图20　第2行14个单元花完成后回补。

图23　第3行最后1个完成后回补到第1个单元花位置引拔完成，断线，上半领围部分完成。

图21　回补到第17个单元花，起16个辫子开始第3行单元花（第31个单元花）。

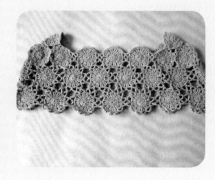

图24　上半部领围部分完成后的样子。上半部共44个单元花，其中第1行16个单元花最后一圈是3辫子的网格，其他2行28个单元花的最后一圈是5辫子的网格。

2. 钩身子部分

图25　身子部分花样同领围部分，就是最后一圈辫子数不一样。第1个单元花钩4组7辫子1短针的网格后起18个辫子开始下1个单元花。

图26　第2个单元花与第1个单元花用3辫子1短针3辫子连接，然后钩5组7辫子1短针的网格后起18个辫子开始下一个单元花。

图27　第1行钩12个单元花后回补，两花连接点是3辫子1短针1辫子，其他地方都是7辫子1短针的网格。回补到第1个花钩3个网格后起18个辫子开始第二行单元花。

图28 钩完2行单元花后第3行单元花最外圈的辫子是5个，起的大辫子是16个。其他都跟第1、2行单元花一样。

图30 钩2行5辫子的单元花后，再钩2行外圈为3辫子的单元花，起的大辫子是14个。身子6行单元花都完成后再钩1行外圈为5个辫子的单元花。起的大辫子是16个。

图29 钩完效果

图31 身子总共是7行单元花。

图32 在回补的同时跟领围部分连接。用2辫子1短针2辫子来连接。

图33 注意领围部分是14个单元花，身子部分是12个单元花，所以左右两边各有1个单元花没有连接来作为袖窿。

图34 继续回补连接身子前后部分，一直回补到第1个单元花起始位置。注意外圈5辫子的单元花用2辫子1短针2辫子连接，外圈是3辫子的单元花用1辫子1短针1辫子连接，外圈为7个辫子的单元花用3辫子1短针3辫子连接。

图35 衣服完成后的图。

花语小披肩

图1 披肩是横着钩的，起65针，排了5个单元花，每个单元花12针，首尾均为3个长长针。先钩2行5辫子的网格，后钩1行3辫子1短针，在接下来的2行钩1行小花。

图2 具体钩法如下：钩3个长长针后开始钩小花，钩4个辫子，2个未完成的长长针。

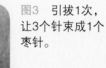

图3 引拔1次，让3个针束成1个枣针。

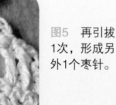

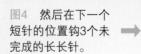

图5 再引拔1次，形成另外1个枣针。

图4 然后在下一个短针的位置钩3个未完成的长长针。

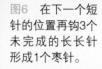

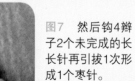

图6 在下一个短针的位置再钩3个未完成的长长针形成1个枣针。

图7 然后钩4辫子2个未完成的长长针再引拔1次形成1个枣针。

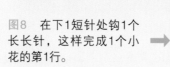

图8 在下1短针处钩1个长长针，这样完成1个小花的第1行。

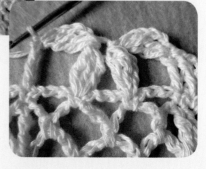

图9 用同样的方法继续钩这样的小花，一共钩5个小花后，钩3个长长针结束这一行。

图10 小花第2行，先钩3个长长针后，钩3个辫子，在小花的中央孔处钩3个未完成的长长针。

图11 引拔1次形成1个枣针。

图12 3辫子后，再钩1个3长长针形成的枣针。

图13 再钩3个辫子1长长针，这样一个完整的小花就完成了。

图14 用同样的方法完成5个完整的小花后，钩3个长长针结束这一行。

图15 下一行钩1行5辫子的网格，首尾均为3个短针。

图16 再下一行：钩3个长长针2辫子1短针，5个辫子的网格，2辫子，1长长针，反复5组后，3个长长针结束。

图17 再下一行：3个短针后钩3辫子1短针组，每个单元花3组，共15组。最后也是3短针结束。

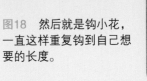

图18 然后就是钩小花，一直这样重复钩到自己想要的长度。

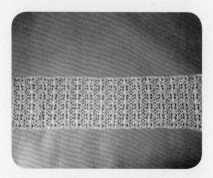

图19 一共钩了30cm×100cm。

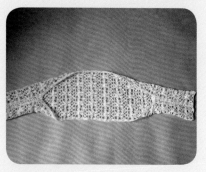

图20 上下折叠后中间留了60cm，左右各缝合20cm。

图21 中间部分继续圈钩8行（即2行单元花），一边继续钩了6行5辫子的网格后钩1行1短针3辫子，再钩小花边。

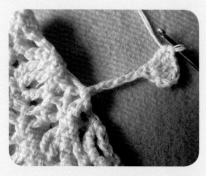

图22 小花边的钩法：在第1个短针处钩10个辫子，回数3个辫子处钩4个长针。

图23 然后钩3个辫子在起长针的位置钩1短针。

图24 然后再钩6辫子，在下一个3辫子的中央钩1短针，这样一个小花边完成。

图25 同样的方法再钩小花边。

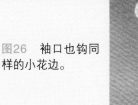

图26 袖口也钩同样的小花边。

图27 花语小披肩完成图。

蓝白小坎肩

1. 蓝色部分单元全花的钩法：

图1　4辫子成圈，4辫子立起来，然后1长针1辫子11组，最后在起始的4辫子的第3个上引拔完成1圈。简单来说就是12组1长针1辫子。

图2　第2圈钩12组3长针形成枣针然后3辫子。断线完成1个单元花。

2. 半花的钩法：

图3　3辫子成圈，4辫子立起来，再钩5组1长针1辫子，最后1个长针。

图4　翻面，4辫子立起来，然后是3长针形成的枣针3辫子5组，3长针形成的枣针1辫子1长针结束。断线结束1个半花。

图5　整个坎肩由52个全花和8个半花组成。

3. 半花的钩法

图6　然后开始重复第1行到第6行的钩在第1个单元花3辫子的第1个空格里钩1个3长针形成的枣针5辫子1个3长针形成的枣针5辫子，在2个空格里钩1个短针5辫子，第3个空格里钩1短针5辫子，然后在第4个空格里钩1个3长针形成的枣针5辫子1个3长针形成的枣针5辫子，第5个空格里钩1短针5辫子，第6个空格里钩1短针。然后起5个辫子，用短针连接第2个单元花。

图7　钩2辫子用1短针与对面第1个花的5辫子处连接，再2辫子回来，1短针钩在第2个单元花的第2个3辫子空格处。

图8　继续钩2辫子1短针连接对面单元花，再2辫子回来钩1个3长针形成的枣针2辫子，与对面枣针中间的5辫子处连接，再2辫子回来钩1个3长针形成的枣针。注意图右为第一个单元花。

图9　继续钩5辫子1短针5辫子1短针5辫子，1个3长针形成的枣针5辫子1个3长针形成的枣针，5辫子1短针5辫子1短针。再起5个辫子，用同样的方法连接第3个单元花。注意图左为第一个单元花。

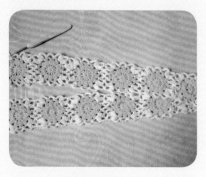

图12　一直回补到第一个花的上面开始连接第二排单元花。

图15　往上连接1个半花。起5个辫子用短针连接半花的第2个空格，然后是2辫子1短针2辫子连接，最中间那个空格是钩1个3长针形成的枣针2辫子连接对面再2辫子回来1个3长针形成的枣针，5辫子1短针5辫子1短针。

图18　然后2辫子，与半花边上起的那个5辫子处连接，回来再1枣针。

图10　1排连接12个单元花。

图13　连接第二排单元

图16　再连接1个全花和1个半花。

图19　回补到全花部分，然后往上连接2个全花。

图11　回补。两个花中间用2辫子1短针2辫子来连接。

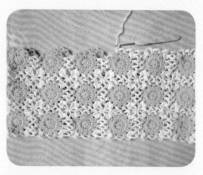

图14　连接3排，每排12个单元花。回补到第3个单元花（从右数）开始钩右肩部分。

图17　半花一个枣针后2辫子连接再2辫子回来钩1个长针。然后是半花的补角，用4组3辫子1短针来补角。然后是5辫子起来钩1个枣针，2辫子1短针连接中央处，再2辫子在全花空格里钩1枣针。

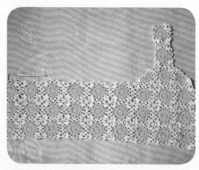

图20　回补到第9个单元花（从右数），开始钩后背。

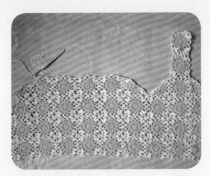

图21　第1排连接1个半花4个全花1个半花。

图22　第2排连4个全花。

图23　第3排连1个全花后，连1个半花，再连1个半花。2个半花方向是对着的。

图24　再连1个全花，在全花回补的过程中连接右肩部。

图25　然后回补到最后1个单元花，开始连左肩部。

图26　按照连右肩同样的方法连左肩部。然后一直回补到起始的第1个单元花处。整个衣服连接完成。

4. 钩花边

图27　袖口花边和衣服花边一样。
先补角。用3辫子1短针，在两花连接处是3辫子1长针3辫子1长针3辫子。

图28　钩1行3辫子立起来3个长针1短针的花样。

图29　衣服完成的样子。

黄色裙衣

图1　6辫子成圈，钩16个长针

图2　3辫子立起来，1长针1狗牙，然后8个长针再1个7辫子的狗牙。

图3　3辫子立起来，1长针1狗牙，然后8个长针再1个7辫子的狗牙。

图4　回数6个辫子成圈，在大辫子上向上引拔3次。

图5　再钩15个长针，加上立起来的3辫子是16个长针，最后在第3个辫子处引拔成圈。

图6　钩1长针，并与对面第一个单元花的1长针处引拔连接。

图7　再钩4个长针后，钩3个辫子1短针与对面单元花的7辫子狗牙的中间处连接，再3辫子回来。

图8　然后继续钩8个长针1个7辫子的狗牙，4长针，再起12个辫子开始下一个单元花。

图9　共钩了22个单元花，前后各排11个。

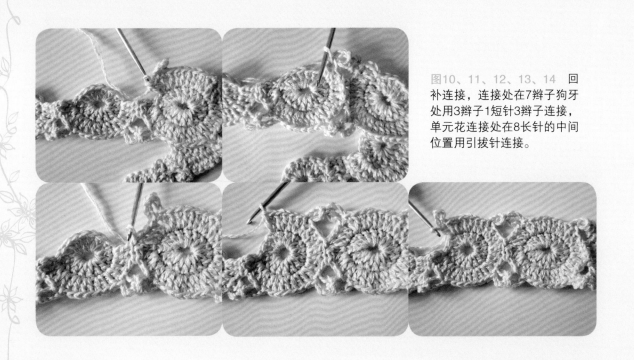

图10、11、12、13、14 回补连接，连接处在7辫子狗牙处用3辫子1短针3辫子连接，单元花连接处在8长针的中间位置用引拔针连接。

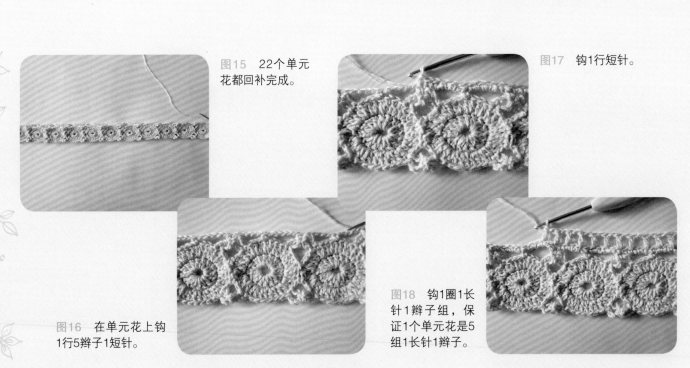

图15 22个单元花都回补完成。

图17 钩1行短针。

图16 在单元花上钩1行5辫子1短针。

图18 钩1圈1长针1辫子组，保证1个单元花是5组1长针1辫子。

图19 再钩5行花样，前面4行是长针和辫子的组合，最后1行短针。

图20 继续钩单元花，在钩的过程中与前面钩好的部分连接。

图21 用单元花一线连的方法继续钩单元花。

图22、23、24、25、26　又钩了1排22个单元花，前后各11个。

图27　用单元花回补的方式将整个单元花钩好之后钩1圈5辫子1短针和2圈全短针。

图28　钩1圈7短针7辫子，7辫子中间是间隔3辫子位置。

图29　再钩1圈短针。7辫子处也是钩7个短针。

图30　钩1圈5辫子1短针。

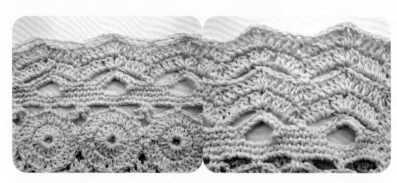

图31、32　钩2行长针。其中拱形的短针处钩2长针1辫子2长针，最低处的短针处左右两边各钩2个未完成的长针形成枣针，中间的辫子处都是钩3个长针。然后再钩1圈5辫子1短针，重复上面的花样1次。

图33　继续钩1圈单元花，注意单元花减少到20个，然后再钩长针花样组合到合适的长度。

图34、35、36 肩部

图37 前后肩部用1个单元花连接。

图38 裙边钩1圈5辫子1短针补角后，钩1行花边（花边是钩3辫子1狗牙3辫子1短针，重复）。

图39 整个裙子就完成了。

双排扣外套

图1　钩后片。后片起了24个花样，4针4行1个花样。第1行，第2行均是5个辫子的网格，第3行是1短针3辫子1短针，第4行在上行的3辫子上钩4个长针。钩40行（10行花样）后开始分袖，再钩20行（5行花样）后开始挖肩，肩部是4行（1行花样）。

图2　挖袖减针细节。

图3　肩部减针细节。

图4　钩2个前片：每片均起16个花样，钩40行（10行花样）后挖袖，再钩16行（4行花样）后开始挖领，再钩8行（2行花样）。

图5　前片袖口、领口、肩部减针细节。

图6　钩单元花4辫子成圈，钩4组4长针3辫子，最后的3辫子是钩1辫子1中长针。

图7　8辫子立起来钩1长针，5辫子，（在下一个3辫子的空里钩1长针5辫子1长针，5辫子）重复3次，最后在立起的8辫子处数3个辫子处引拔。

图9　为了完成单元花的一线连，第3行在钩的过程中连接前后片。先连接前片。

图8　单元花第3行的花样是这样的。

图10　钩到第1个单元花的这个位置开始起18个辫子，开始钩下一个单元花。

图11　数4个辫子引拔成圈，再往上引拔3次。

图13　向上引拔3次后，钩完第2圈花样。最后的5辫子是先钩2个辫子，再在大辫子上数3个辫子引拔，最后的辫子剩下3个辫子。

图12　按照第一个单元花的钩法完成第1圈，最后3辫子是先钩1个辫子，再在大辫子上数2个辫子引拔。

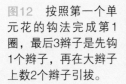

图14　然后开始连接。

图15　继续钩花，共排了5个单元花。

图17、18　一侧单元花完成。然后用同样的方法完成另外一侧单元花的连接。

图16　在回补完成单元花的同时连接后片。

图19　钩2个袖子。

图20　钩领口花边和衣边，领口花边为扇形花，其他地方就是钩1行短针1行逆短针。

图21　钩1圈5辫子1短针。

绿色拼花套头衫

图1　先钩第1个单元花：6辫子成圈，第1圈钩24个长针，第2圈钩12组1长针3辫子，第3圈钩12组4长针1辫子，第4圈钩12组6辫子1短针的网格，第5圈在每个网格上钩1个3长针的枣针5辫子1个3长针的枣针5辫子，共12组（枣针有24个）。第6圈钩24组6辫子1短针的网格。第7圈钩1短针7辫子1短针5长针3辫子5长针，2组（1短针7辫子1短针1短针7辫子1短针5长针3辫子5长针），1短针7辫子1短针后起32针开始下一个单元花。

图2　回数6个辫子成圈，再在大辫子上往上引拔3次。

图3　再钩23个长针，加上开始引拔的3针，一起为24个长针

图4　在大辫子上引拔3次，钩3辫子1长针11组后3辫子在大辫子上最后一个引拔针上引拔成圈。

图5　在大辫子上引拔3次。

图6　钩3个长针1辫子后再钩11组4长针1辫子，最后引拔成圈。

图7　在大辫子上引拔1针，钩6辫子1短针12组。

图8　向前1针与大辫子上1针一起引拔1次，然后再在大辫子上引拔3针。

图9　然后钩2长针与引拔的3辫子一起形成枣针，然后是5辫子3长针形成的枣针。一共是24个枣针，中间都用5辫子连接。最后是3辫子之后在大辫子上数2针引拔。

图10　钩1圈6辫子1短针的网格，最后是3辫子在大辫子上数3个辫子引拔。最后大辫子剩下7个辫子。

图11　连接：7辫子处用3辫子1短针3辫子来连接，1短针5长针后，3辫子处用1辫子1短针1辫子来连接，然后钩5长针1短针。

图12　继续钩2组（7辫子1短针7辫子1短针5长针3辫子5长针1短针）之后钩7辫子1短针，起32个辫子开始下一个单元花。

图13　每一排的花完成之后回补，两花中间也是用3辫子1短针连接。

图14　连接之后按照正常的钩花。最后一圈的花样都是7辫子1短针7辫子1短针5长针3辫子5长针1短针。3辫子处用1辫子1短针1辫子连接。

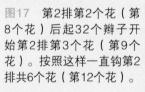

图15　第1排钩了6个花。回补到第1个花的位置起32个辫子开始第2排第1个花。

图16　第2排第1个花这个位置起32针开始第2排第2个花（第8个花）。

图17　第2排第2个花（第8个花）后起32个辫子开始第2排第3个花（第9个花）。按照这样一直钩第2排共6个花（第12个花）。

图18　完成第2排（12个花）之后回补到第2排第1个花（第7个花）的这个位置开始钩第3排，第3排开始分前后片了。前片排2个花。

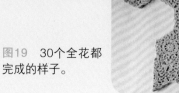

图19　30个全花都完成的样子。

图20　钩腋下5个角的花：5辫子成圈，钩20个长针。

图21　翻面，4辫子立起来，1长针3辫子，隔1个长针钩1长针3辫子8组，最后1长针。

图22　翻面，4辫子立起来，每个3辫子的格子里都钩4长针1辫子，最后1格里钩1长针，开始的3辫子处钩1长针。

图23　翻面，3辫子1短针，然后6辫子1短针9组。

图24　翻面，4辫子立起来，每个网格里钩1枣针5辫子1枣针5辫子9组。最后3辫子的网格里钩1个枣针。

图25　翻面，钩19组6辫子1短针的网格。

图26　翻面，在钩最后一圈的同时连接在腋下。

图27　与腋下的5个角连接完成。

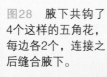

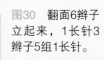

图28　腋下共钩了4个这样的五角花，每边各2个，连接之后缝合腋下。

图30　翻面6辫子立起来，1长针3辫子5组1长针。

图29　袖口三角花钩法：5辫子成圈。钩13个长针。

图31　翻面，4辫子立起来，6组4长针1辫子，1长针。

图32 翻面，4辫子立起来，钩11组3长针形成的枣针5辫子，最后3长针的枣针，1长长针结束。

图33 钩12组6辫子1短针的网格，最后1组是由3辫子1长针组成。

图34、35 翻面，在钩最后一圈的时候同时连接袖口上的整花。

图36 同样的方式再钩1个这样的半花连接之后缝合。

图37 然后袖口补角一圈。两花连接处用4辫子1长长针4辫子，其他位置为4辫子1长针4辫子。最高处为短针。

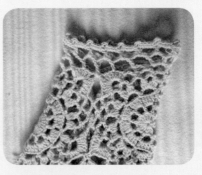

图38 袖口再钩1圈1长针3辫子的方格，然后钩1圈3短针1狗牙，完成。

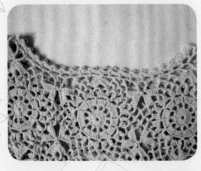

图39 领口与袖口一样，补角一圈之后钩1行1长针3辫子。再钩1行狗牙边。

图40 衣服完成。

粉色木耳边小外套

图1　1. 整起163个辫子，3针1花样，共54个花样68cm，左右前片各分10个花样12.5cm，后片是34个花样43cm。
第一行：1短针5辫子各1个辫子1个短针，重复5辫子各2个辫子1短针，最后是2辫子1长针结束。第二行：在上一行的每个网格里钩2个长针1个辫子，最后是2个长针结束。第三行：5辫子的网格，短针落在上一行的辫子上，首尾开始各加1个网格。第四行：5辫子的网格，短针落在上一行的辫子上。第五行：在网格上钩2个长针1个辫子。重复第3～5行的花样。

图2　第1、第2行花样细节图

图3　按照花样钩23行，左右两边从第3行起每3行加1个花样，每边各加了6个花样，左右前片最宽处为20cm。最后3行不加不减。

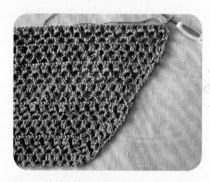

图4　前片加针细节图。

 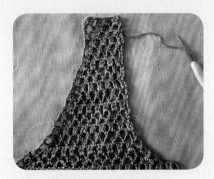 

图5 前片钩21行20cm，前领口减8个花样10cm，袖口部分减4个花样5cm。最后剩下4个花样5cm。

图6 前片领与袖口减针细节图。

图7 后片袖口左右两边各减4个花样，钩19行后开始钩2行挖肩，最后左右肩部各剩下4个花样。

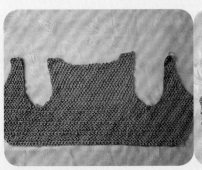 

图8、9 3片都钩好的样子。

图10、11 袖子起了60个辫子20个花样25cm，均匀加6个花样，最宽处是33cm。钩了28行26cm长。袖山钩了15行13cm，最后剩下5个花样。

图12 从底边开始到右前襟到后领到左前襟围着钩3圈的木耳花边。
第1圈为短针，第2圈在上圈短针上钩1长长针1辫子，第3圈在辫子上钩1短针3辫子1短针。袖子也是钩3圈同样的花边。

图13 全部完成后的样子。

Ⅱ 橙黄色裙衣

【成品规格】衣长78cm，胸围96cm，袖长42cm
【工　　具】3.5mm可乐钩针
【材　　料】黄色毛线320g
【编织要点】
　　1. 参照基本花样，从下摆起针前片起12组花样，后片起12组花样，不加不减针钩60行花样后分袖，参照领弯位的图解，后片袖弯位和前片相同，继续钩完前片和后片。
　　3. 参照袖子图解，从袖口起针，钩42行结束。
　　4. 将袖子与前片和后片拼合。
　　5. 在袖口减针钩1行短针和逆短针，将袖口缩成22cm的长度。

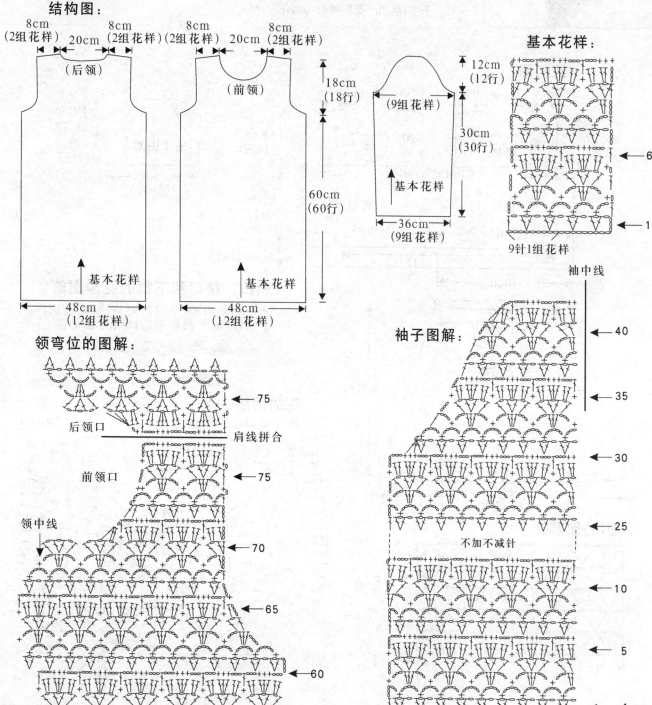

ℬ 粉色长裙

【成品规格】裙长75cm，胸围80cm，袖长16cm
【工　　具】3.0mm可乐钩针
【材　　料】粉色毛线550g
【编织要点】

1. 参照图3的图解，钩1条宽度为10针，长度为118行的长条形花，起针和结束行首尾相接。

2. 在图3的基础上，向上钩上半身，圈钩200针长针，不加减针21行后分袖。袖弯位第1行头尾各收3针，第2行头尾3针合成1针，第3行不加减针，第4行头尾4针合成1针后，参照图1、图2和前领口花的钩法，填补前后片。

3. 在图3的基础上，向下圈钩裙子。参照裙子花样，逐层加针，圈钩8组花样。

4. 参照领口、袖口和下摆的花边图解，钩领口和袖口的2个网格对应1组花边花样，下摆1组裙子花样对应16组花边花样。

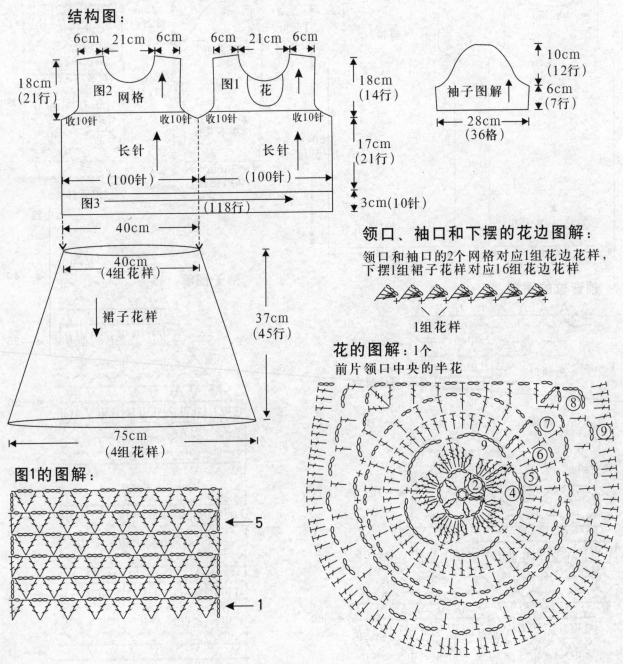

结构图：

领口、袖口和下摆的花边图解：
领口和袖口的2个网格对应1组花边花样，下摆1组裙子花样对应16组花边花样

1组花样

花的图解：1个
前片领口中央的半花

图1的图解：

裙子花样：

以下图解为1组花样，裙子需从腰向下圈钩8组花样

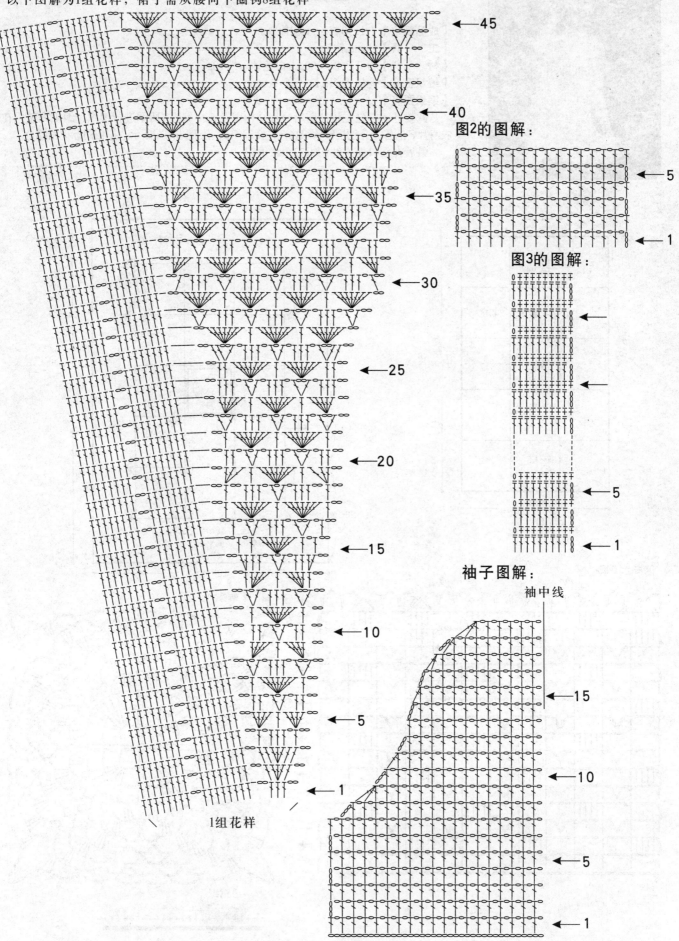

← 45

← 40

图2的图解：

← 5

← 1

图3的图解：

← 5

← 1

← 35

← 30

← 25

← 20

← 15

← 10

← 5

← 1

1组花样

袖子图解：

袖中线

← 15

← 10

← 5

← 1

C 蝴蝶袖百搭罩衫

【成品规格】衣长50.5cm，胸围90cm
【工　　具】1.6mm钩针
【材　　料】粉红色棉线80g，白色冰丝线70g
【编织密度】花样编织A长、宽15cm
【编织要点】
　　此款针织衫是先依照前后身片结构图及花样编织A所示进行编织，编织完整后在衣身片各边缘处分别挑针钩织16行花样编织B，依照结构图所示，把相同标记相缝合。
　　最后在领口处挑针钩织32个缘编织。

结构图

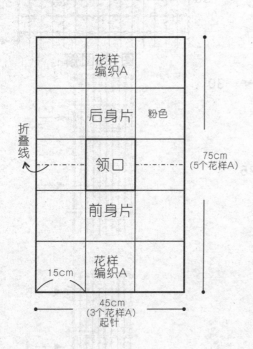

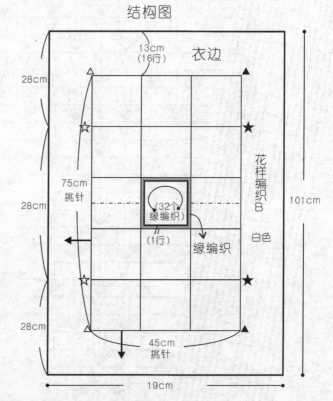

花样编织B

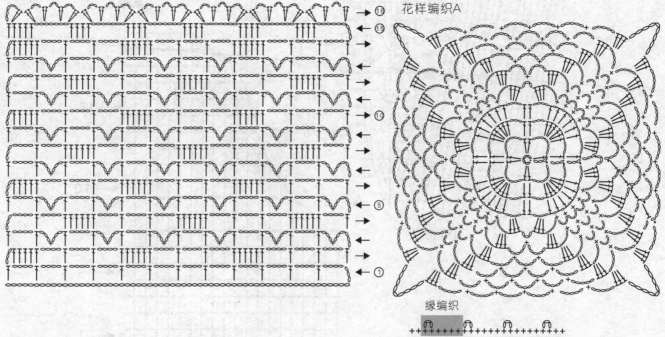

花样编织A

缘编织

衣身片花样拼接

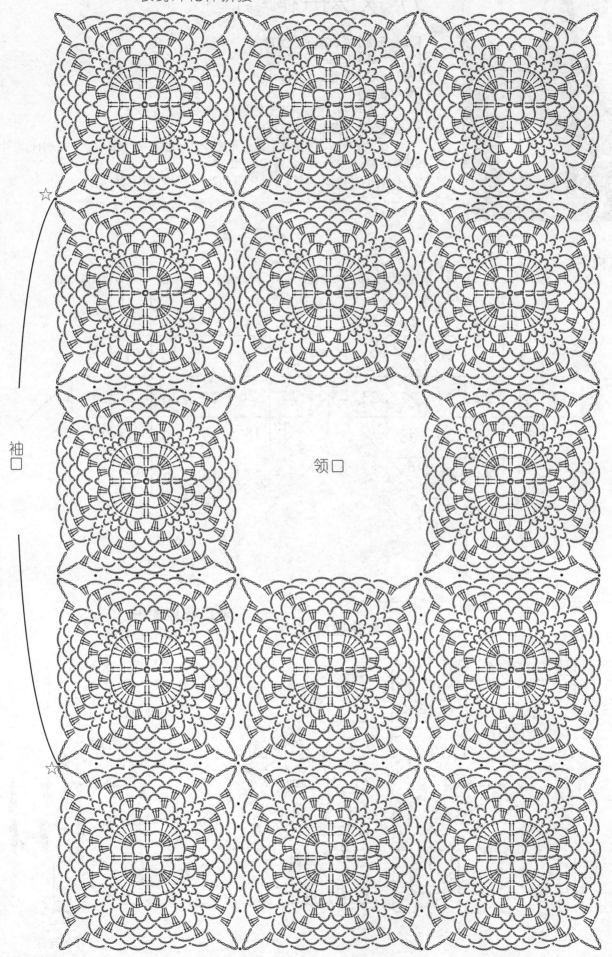

袖口

领口

D 玫瑰拼花斗篷衣

【成品规格】衣长70cm，宽73cm
【工　　具】3.5mm可乐钩针
【材　　料】紫色毛线300g
【编织要点】

1. 参照单元花图解，单元花共8行，共钩单元花36个。
2. 参照半花图解，钩半花18个。
3. 参照结构图，整个披肩由单元花和半花组成，肩线拼合。下摆钩1行短针后参照流苏图解，钩1行流苏，圈钩168组花样。
4. 参照领口花边图解，钩领口花边2行，圈钩44组花样。

结构图：

注：其中2、3、5、6、17、24、31、36、37、42、43、46、47、50、51、52、53、54这18个为半花，其他为完整单元花

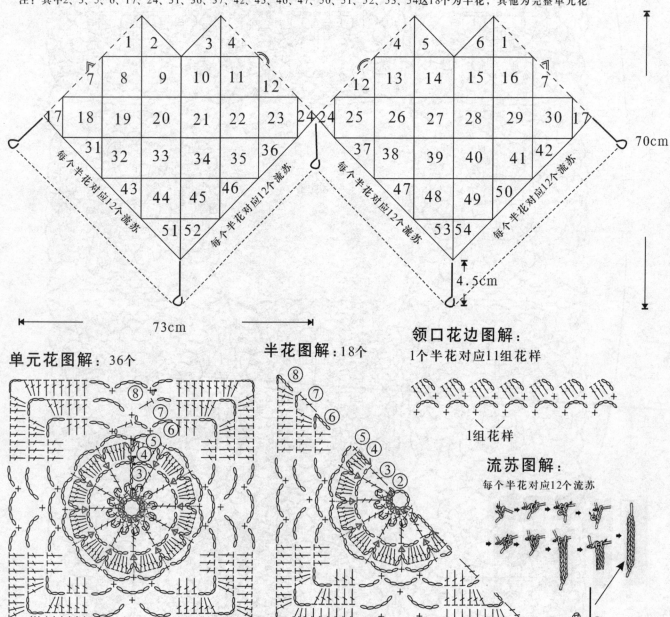

单元花图解：36个

半花图解：18个

领口花边图解：
1个半花对应11组花样

1组花样

流苏图解：
每个半花对应12个流苏

1个流苏

ℰ 立领洞洞外套

【成品规格】衣长54cm，胸围96cm，袖长57.5cm，背肩宽37cm
【工　　具】2.0mm钩针
【材　　料】淡黄色4股棉线450g
【编织密度】花样编织A 2.8cm（6针）×3.5cm（4行）/1个 花样编织B 直径12cm
【编织要点】
　　此款针织衫前后身片均是从下摆起针，依照结构图加减针方法进行编织花样编织A，编织完整后拼接前后侧缝及肩线处，再编织8个花样编织B，拼接固定在衣身片下摆处。
　　袖片是从袖口起10个花样编织A，依照结构图加减针方法编织完整袖片，并编织2个花样编织B，固定在袖口处，并安装在衣身片袖隆上。
　　最后在领口处挑针钩织20个缘编织A，在门襟处编织缘编织B，并在相应位置处留出扣眼位置。

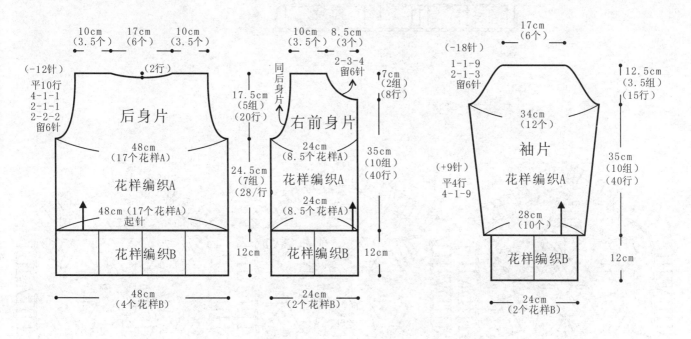

领口、门襟示意图

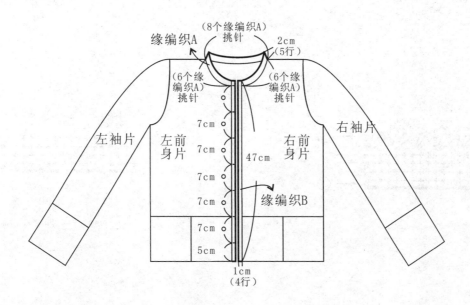

花样编织A

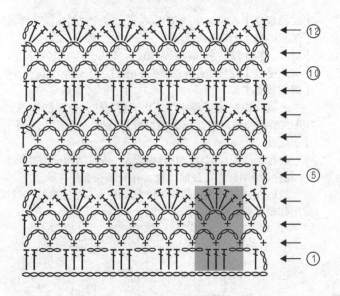

12
10
5
1

花样编织B

缘编织A

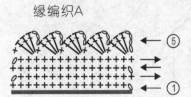

5
1

缘编织B

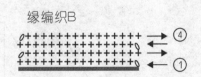

4
1

F 拼花套头衫

【成品规格】衣长52cm，胸围92cm，袖长33cm
【工　　具】2.0mm钩针
【材　　料】橘红色、黄色、淡紫色棉线各150g
【编织密度】花样编织A 2.3cm×2.3cm（2行）/1组 花样编织B 28针×14行/10cm²
【编织要点】
　　此款针织彩色T恤前后身片为圈状编织，是从下摆起40个花样编织A，依照结构图颜色分隔所示进行编织，编织完整后拼接肩线处。
　　袖片是从衣身片袖口处挑14个花样编织A，依照颜色分隔圈状编织完整袖片。
　　最后在下摆处挑针钩织7行花样编织B及在领口处挑针钩织44个缘编织。

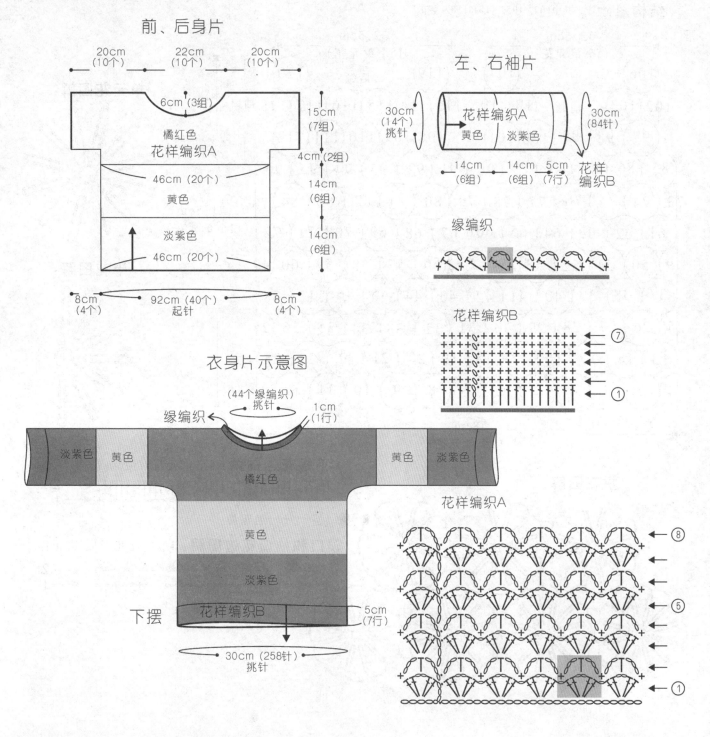

前、后身片

20cm（10个）　22cm（10个）　20cm（10个）

6cm（3组）

橘红色
花样编织A

15cm（7组）

4cm（2组）

46cm（20个）

黄色

14cm（6组）

淡紫色

46cm（20个）

14cm（6组）

8cm（4个）　92cm（40个）起针　8cm（4个）

衣身片示意图

（44个缘编织）挑针

缘编织

1cm（1行）

淡紫色　黄色　橘红色　黄色　淡紫色

黄色

淡紫色

下摆　花样编织B　5cm（7行）

30cm（258针）挑针

左、右袖片

30cm（14个）挑针

花样编织A
黄色　淡紫色

30cm（84针）

14cm（6组）　14cm（6组）　5cm（7行）　花样编织B

缘编织

花样编织B

⑦
①

花样编织A

⑧

⑤

①

编织人生 思思〉〉零起步学编织　**77**

G 名媛-优雅拼花连衣裙

【成品规格】裙长71.5cm，胸围80cm
【工　　具】3.0mm可乐钩针
【材　　料】紫色毛线300g
【编织要点】

1. 参照单元花图解，单元花共3行，共钩单元花116个。
2. 参照半花图解，钩半花4个。
3. 参照结构图和拼花图解，整个衣服由单元花和半花拼合成，从下摆起每行圈拼12个单元花，共拼8行后分袖口，肩线拼合。
4. 参照领口和袖口花边图解，钩领口和袖口花边2行。
5. 参照下摆花边图解，钩下摆花边2行。

结构图： 注：其中102、105、113和118为半花

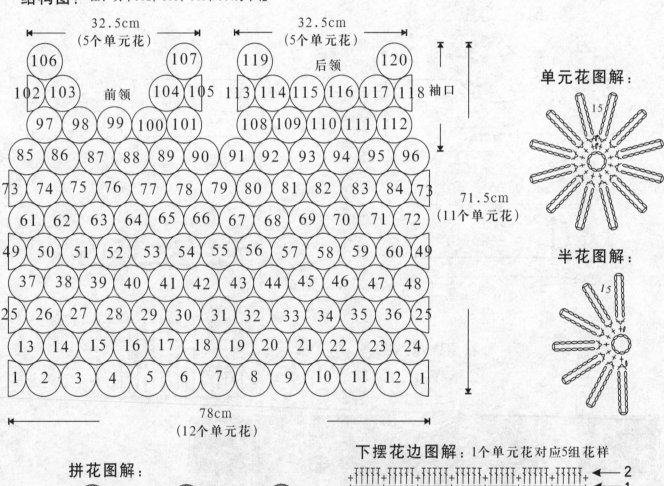

单元花图解：

半花图解：

拼花图解：

下摆花边图解：1个单元花对应5组花样

领口和袖口花边图解：1个单元花对应5组花样

ℋ 紫叶儿醉长裙

【成品规格】裙长69.75cm，胸围80cm
【工　　具】3.0mm可乐钩针
【材　　料】紫色毛线400g
【编织要点】

　　1. 从下摆起针，前片和后片圈钩16组花样，钩3组花样的高度，左右侧缝各减半组花样，圈钩14组花样，钩6组花样的高度，左右侧缝各减1组花样，继续圈钩10组花样，钩3组花样的高度。

　　2. 开始分袖，钩前片腋下各空缺半组花样，钩半组花样的高度后分前领口，领中线空缺2组花样不钩，左右肩带各钩1组花样的宽度，3组花样的高度。

　　3. 分袖后钩后片，腋下各空缺半组花样后钩3.5组花样的高度。

　　4. 将肩线拼合。参照袖口和领口花边的钩法，钩领口和袖口花边1行。

结构图：

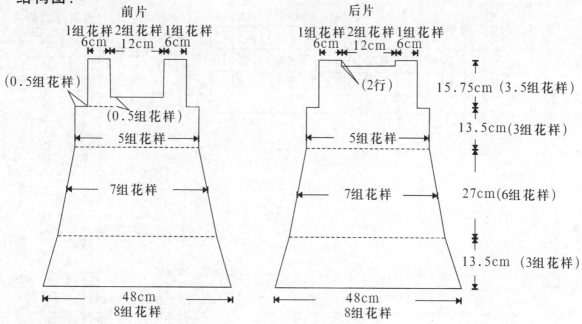

前片
1组花样 2组花样 1组花样
6cm　12cm　6cm
（0.5组花样）
（0.5组花样）
5组花样
7组花样
48cm
8组花样

后片
1组花样 2组花样 1组花样
6cm　12cm　6cm
（2行）
5组花样
7组花样
48cm
8组花样

15.75cm（3.5组花样）
13.5cm（3组花样）
27cm（6组花样）
13.5cm（3组花样）

花样的钩法：第1行到第9行为1组花样，每组花样4.5cm高

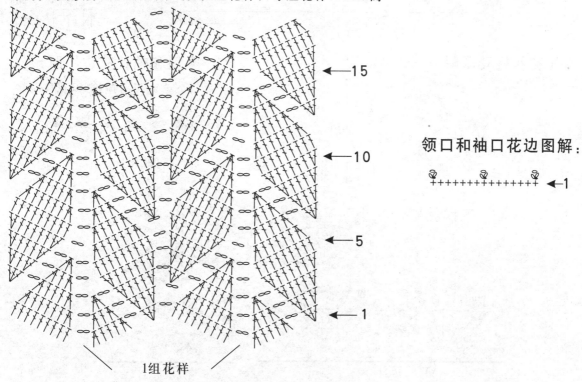

←15

←10

←5

←1

1组花样

领口和袖口花边图解：

+++++++++++++ ←1

J 清新淡雅绿贵妃

【成品规格】衣长64cm，胸围90cm

【工　　具】2.5mm可乐钩针和3.5mm可乐钩针（下摆用）

【材　　料】绿色毛线350g

【编织要点】

　　1. 参照结构图、单元花和拼花图解，钩单元花47个，每钩一个单元花与前一个单元花拼合。注意后领口比前领口高一行单元花。

　　2. 参照衣身图解，在拼花的基础上向下钩衣身，左右腋下用7针锁针连接前后拼花，在这7针锁针上钩1组衣身花样，衣身每行圈钩44组花样，共钩39行。

　　3. 参照下摆图解，在衣身的基础上向下钩下摆，每2组衣身花样对应1组下摆花样。

　　4. 参照领口和袖口花边，钩衣服领口和袖口花边1行。

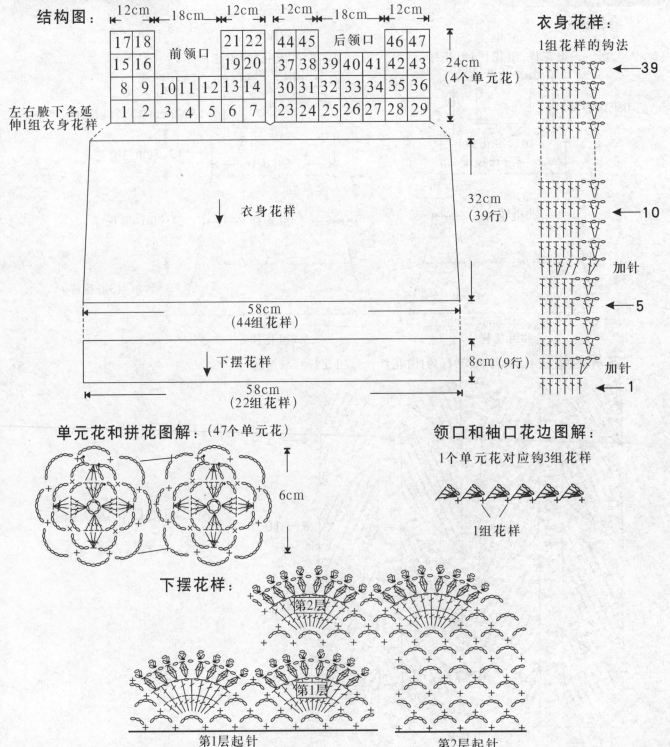

结构图：

17	18	前领口		21	22		44	45	后领口		46	47
15	16			19	20		37	38	39	40	41	42	43
8	9	10	11	12	13	14	30	31	32	33	34	35	36
1	2	3	4	5	6	7	23	24	25	26	27	28	29

12cm　18cm　12cm　12cm　18cm　12cm

24cm（4个单元花）

左右腋下各延伸1组衣身花样

衣身花样

↓衣身花样

32cm（39行）

58cm（44组花样）

↓下摆花样

8cm（9行）

58cm（22组花样）

衣身花样：

1组花样的钩法

←39

←10

加针

←5

加针

←1

单元花和拼花图解：（47个单元花）

6cm

领口和袖口花边图解：

1个单元花对应钩3组花样

1组花样

下摆花样：

第2层

第1层

第1层起针　　　　　　　第2层起针

80

J 白色拼花长外套

【成品规格】衣长70cm，胸围80cm
【工　　具】3.5mm可乐钩针
【材　　料】白色毛线550g
【编织要点】

　　1. 参照结构图、单元花和拼花图解，钩56个单元花，每钩一个花的最后1行与前一个拼合，下摆拼花3行单元花，每行10个。

　　2. 参照前后片的图解，从拼花向上钩25行分袖，后片比前片短2行，钩完前片后与后片肩线拼合。

　　3. 参照袖子图解，袖口拼花圈拼，钩3行拼花向上钩21行结束。

　　4. 将袖子与前片和后片拼合。

结构图：

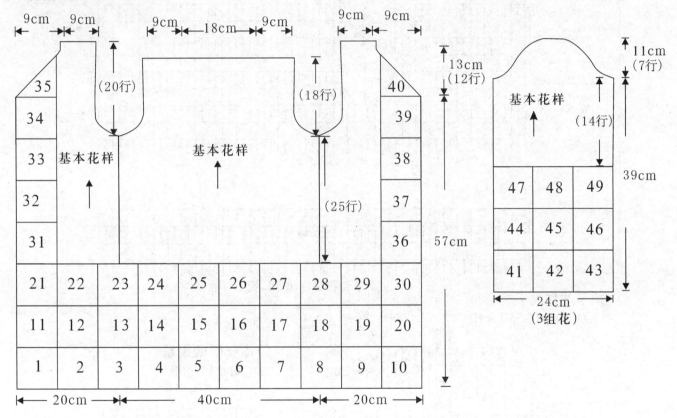

单元花和拼花的图解：
（56个）

半花的图解：
（2个）

领口、袖口和下摆花边的图解：

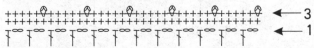

前后片的图解：

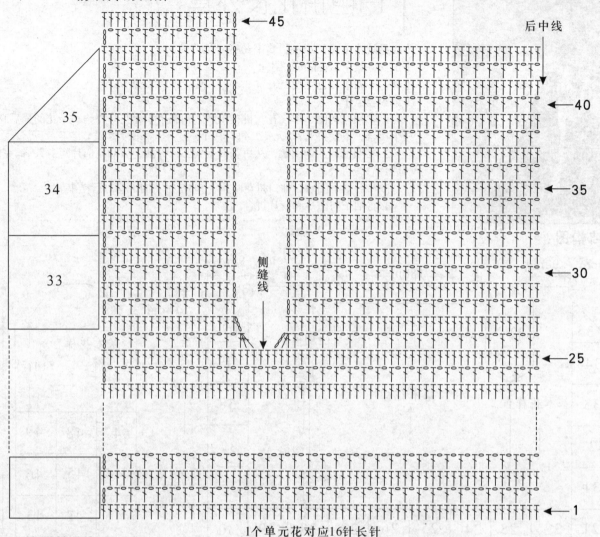

后中线

45
40
35
30
25

侧缝线

35
34
33

1

1个单元花对应16针长针

袖子的图解：
1个单元花对应15针长针

袖中线

20
15
10
5
1

门襟花边的图解：
每15针空1个扣眼

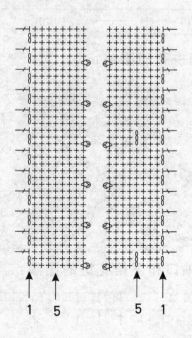

1 5   5 1

K 红色个性背心

【成品规格】衣长53cm，胸围80cm
【工　　具】3.0mm可乐钩针
【材　　料】橘色毛线250g
【编织要点】

　　1. 参照花边花样的做法，钩花边花样16组，每组6行，共钩96行，最后1行与第1行拼合。

　　2. 参照前片花样和后片花样，在花边的基础上向上圈钩37行花样后分袖。

　　3. 袖弯减针4行，左右袖弯各减13针，向上钩后片，后领口参照图解。

　　4. 参照前片花样继续钩前领口。

　　5. 参照花边花样，向下钩3行花边，如图解中灰色部分。

结构图：

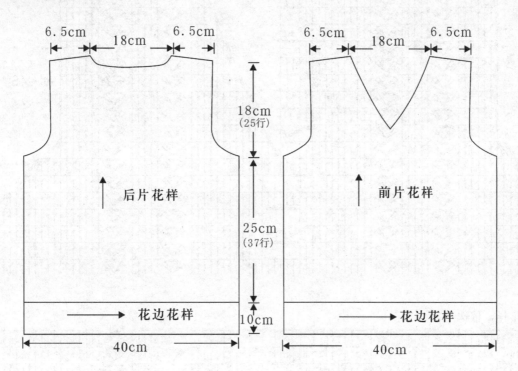

花边花样图解：每6行为1组花样，共钩16组花样，向上钩前后片，向下钩3行花边。

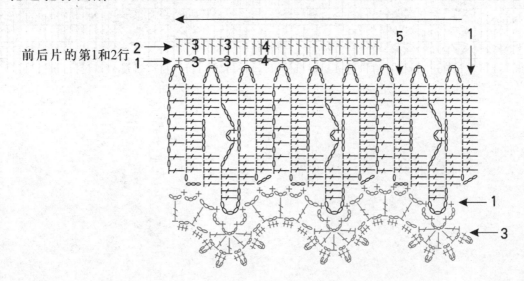

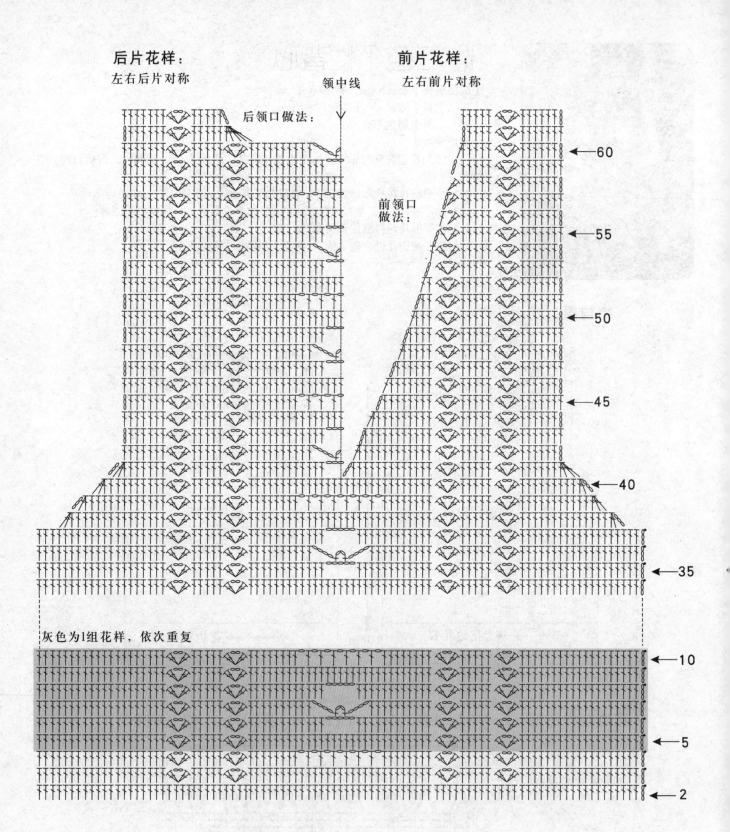

后片花样：
左右后片对称

领中线

后领口做法：

前片花样：
左右前片对称

前领口
做法：

← 60

← 55

← 50

← 45

← 40

← 35

灰色为1组花样，依次重复

← 10

← 5

← 2

ℒ 拼花裙衫

【成品规格】 衣长73.5cm，胸围84cm
【工　　具】 3.0mm可乐钩针
【材　　料】 橙色毛线350g
【编织要点】

　　1. 参照单元花图解，单元花需钩4行，共钩129个。

　　2. 参照拼花图解，每钩1个单元花与前1个单元花拼接。

　　3. 参照结构图，从下摆圈拼7行，每行拼花12个，在黑粗线位置不拼合，其他肩线对称线拼合，侧缝线拼合。

结构图：黑粗线不拼合，其他与对称线拼合

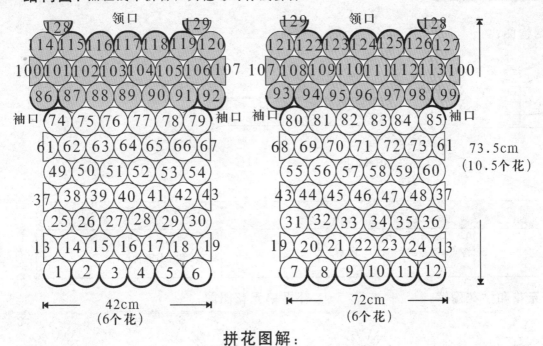

42cm（6个花）　　72cm（6个花）

73.5cm（10.5个花）

单元花图解：

129个

7cm

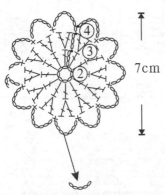

钩袖口或领口的单元花时，在袖口线和领口线的7针锁针需改为5针锁针。

拼花图解：

M 马海毛斗篷披肩

【成品规格】衣长43cm，胸围80cm
【工　　具】3.5mm可乐钩针
【材　　料】段染毛线200g
【编织要点】

　　1. 参照单元花和拼花图解，钩30个单元花，每钩1个花与前1个花拼合。第1条花拼合7个单元花，第2条花拼合23个单元花。

　　2. 参照补平单元花图解和图解1，从第1条花开始向第2条花钩编，总共钩11行，加针参照图解。

　　3. 将第2条花的点A和点B拼合，点C和点D拼合为袖口。

　　4. 参照图解2，向下钩编8行。

　　5. 参照领口和门襟花边图解，钩花边1行。

结构图：

43cm

领　　7个花

图解1↓　　11行

23个花

A　　袖口　　B　　图解2↓　　C　　袖口　　D　　8行
将点A和点B拼合　　　　　　将点C和点D拼合

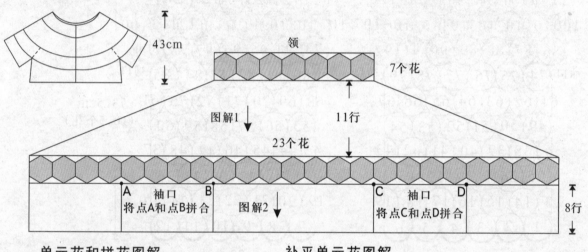

单元花和拼花图解：　　补平单元花图解：

图解1：

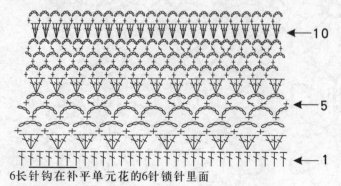

←10
←5
←1

6长针钩在补平单元花的6针锁针里面

图解2：

←5
←1

领口和门襟花边图解：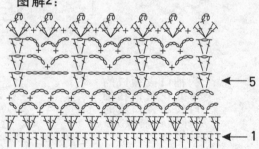

N 风情连衣裙

【成品规格】衣长83cm，胸围96cm，肩袖长39cm
【工　　具】2.0mm钩针
【材　　料】米白色棉线220g
【编织密度】花样编织A直径12cm
【编织要点】

　　此款针织衫为插肩衫，前后身片为圈织编织，是先编织8个花样A拼接，再依照结构图相应花样所示，依次向上、向下挑针钩织，编织完整。

　　袖片编织方法与衣身片编织方法相同，均是先编织花样编织A，再依照结构图及相关花样所示进行编织完整袖片，并把袖片与衣身片肩斜处相拼接。

　　在领口处挑针钩织15个缘编织B，在袖口处挑针钩织4个缘编织A，并在衣身片下摆相应位置分别挑针钩织16个缘编织A。

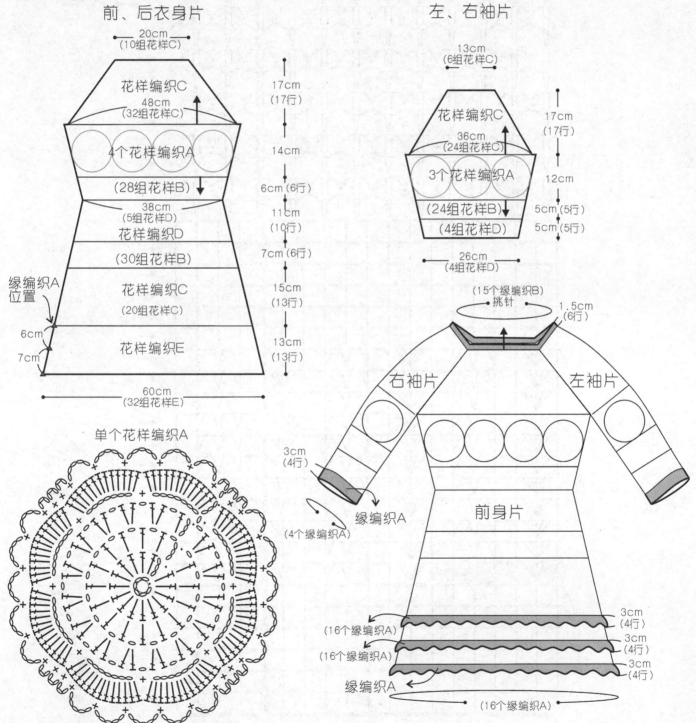

前、后衣身片

20cm
(10组花样C)

花样编织C
48cm
(32组花样C)

4个花样编织A

(28组花样B)
38cm
(5组花样D)

花样编织D

(30组花样B)

花样编织C

(20组花样C)

缘编织A
位置

花样编织E

6cm
7cm

60cm
(32组花样E)

17cm
(17行)

14cm

6cm (6行)

11cm
(10行)

7cm (6行)

15cm
(13行)

13cm
(13行)

单个花样编织A

左、右袖片

13cm
(6组花样C)

花样编织C
36cm
(24组花样C)

3个花样编织A

(24组花样B)

(4组花样D)

26cm
(4组花样D)

17cm
(17行)

12cm

5cm (5行)
5cm (5行)

(15个缘编织B)
挑针

1.5cm
(6行)

右袖片　　　　　　左袖片

前身片

3cm
(4行)

缘编织A
(4个缘编织A)

(16个缘编织A)

(16个缘编织A)

缘编织A

(16个缘编织A)

3cm
(4行)
3cm
(4行)
3cm
(4行)

花样编织拼接

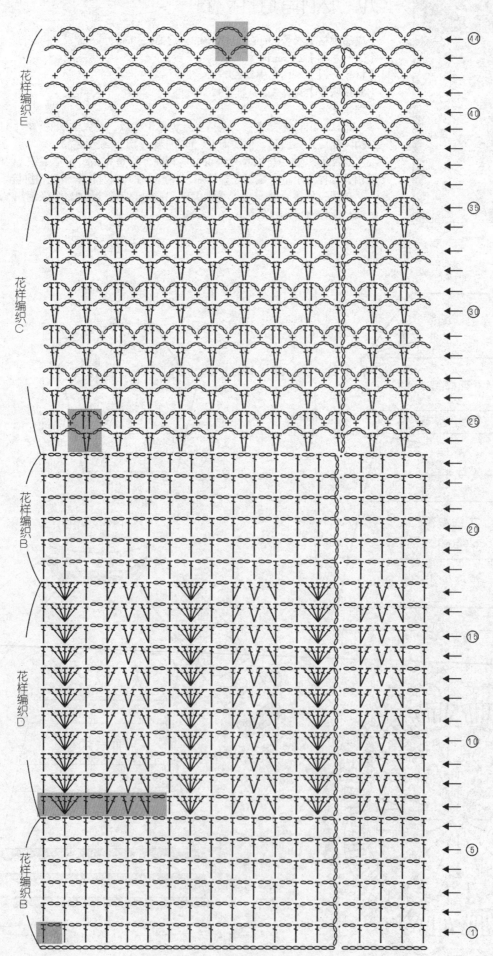

花样编织E

花样编织C

花样编织B

花样编织D

花样编织B

花样编织A

缘编织A

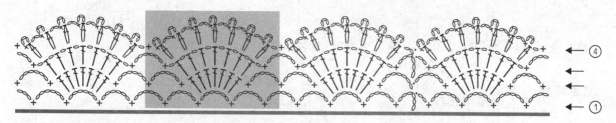

前后插肩处及袖片插肩处编织

缘编织B

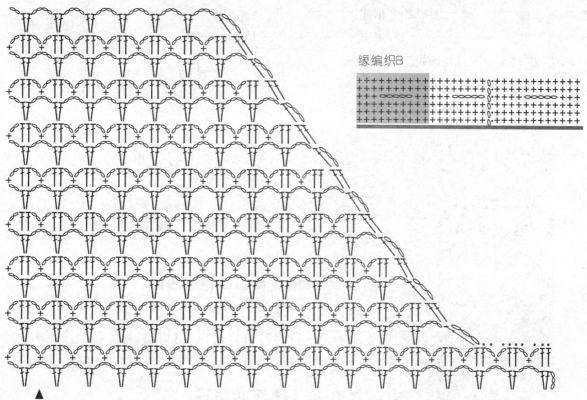

前后身片、袖片中心处

左右对称

○ 简约黄色开衫

【成品规格】衣长42cm，胸围76cm
【工　　具】3.0mm可乐钩针
【材　　料】黄色毛线500g
【编织要点】

1. 参照拼花图解，钩6个单元花，每钩一个花的最后1行与前一个拼合，每条拼花各3个单元花。

2. 参照基本花样，在钩前片和后片的同时与拼花拼合，每13行拼1个单元花。从下摆起针前片各起9组花样，后片起20组花样，钩38行花样后分袖，袖弯位置各减少2组花样。参照领弯位的图解，继续钩完前片和后片。

3. 参照袖子图解，从袖口起针，钩80行结束。

4. 将袖子与前片和后片拼合。

5. 参照袖口和领口的图解，钩领口花边和袖口花边。最后参照门襟花边图解钩4行短针，左门襟平均留下4个纽扣位。

结构图：

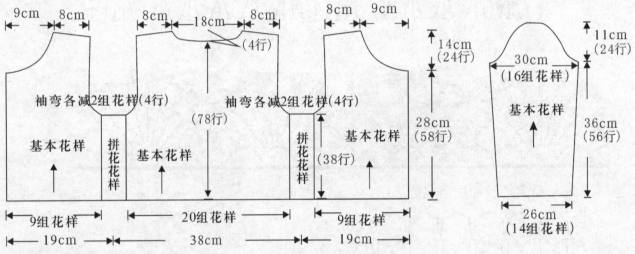

拼花花样： 2条（每条拼3个花）

效果图
领口和袖口钩花边

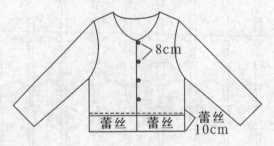

袖口和领口花边图解：

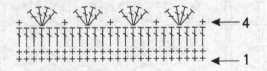

门襟花边图解：

领弯位的图解：

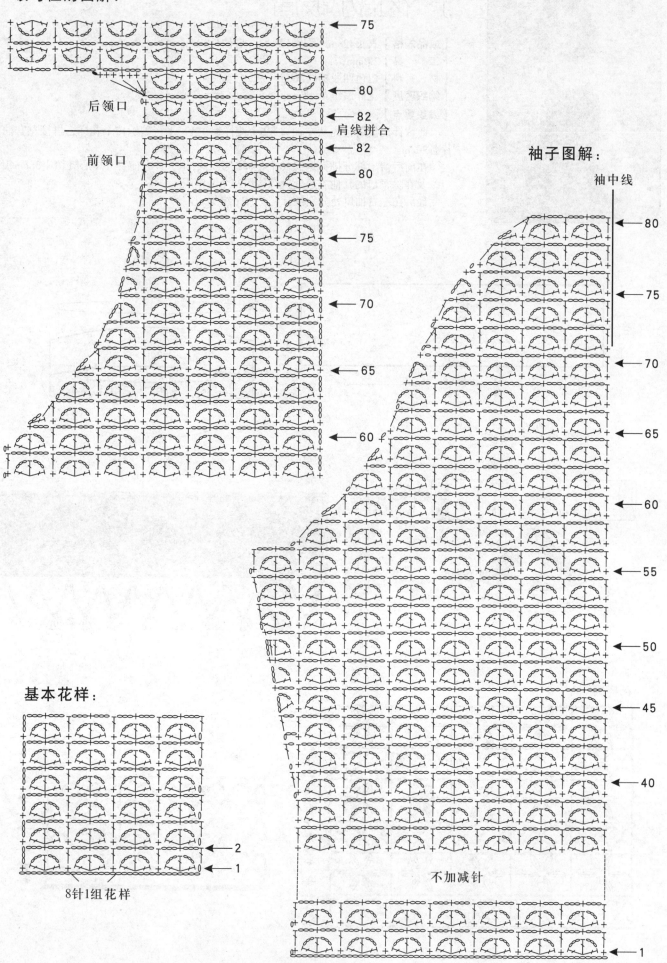

← 75
← 80
← 82

后领口

肩线拼合

前领口

← 82
← 80
← 75
← 70
← 65
← 60

袖子图解：

袖中线

← 80
← 75
← 70
← 65
← 60
← 55
← 50
← 45
← 40
← 1

不加减针

基本花样：

← 2
← 1

8针1组花样

℘ 花语小披肩

【成品规格】衣长42cm，胸围120cm，肩袖长20cm

【工　　具】2.0mm钩针

【材　　料】白色四股棉线200g

【编织密度】花样编织A 4.5cm×5.5cm（5行）/1个

【编织要点】

　　此款针织披肩是先从左袖口起5个花样编织A，平行编织17个花样，拼接左右袖片各20cm。

　　在前后留出部分挑针钩织20个花样编织A共2组，并在前身片中心处留出38cm领口，及在除领口的其他衣边处挑针钩织26个缘编织。

　　最后在左右袖口处分别挑针钩织11个缘编织。

衣边

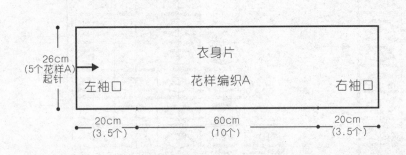

衣身片示意图

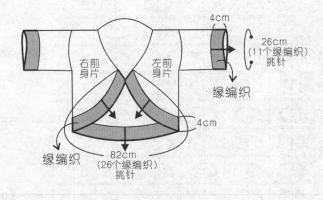

缘编织拼接

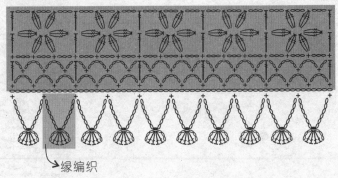

花样编织A

花样编织B

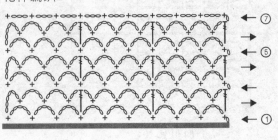

2 紫色V领背心

【成品规格】衣长52cm，胸围92cm，背肩宽39cm
【工　　具】2.0mm钩针
【材　　料】紫色毛线250g
【编织密度】花样编织A 22针×12行/10cm² 花样编织B 直径6cm
【编织要点】

　　此款针织衫前后身片均是从下摆起100针，依照结构图减针方法及花样编织A进行编织，依照花样编织B编织10个花样，并依照侧片结构图进行拼接，再把侧身片与前后身片侧缝缝合，并缝合前后肩线。

　　最后在下摆处挑针钩织26个缘编织。

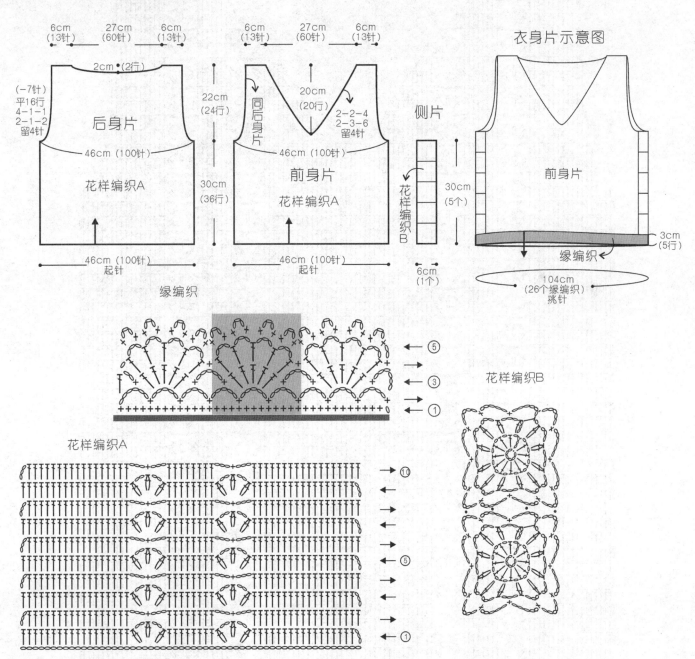

后领口示意图

前身片示意图

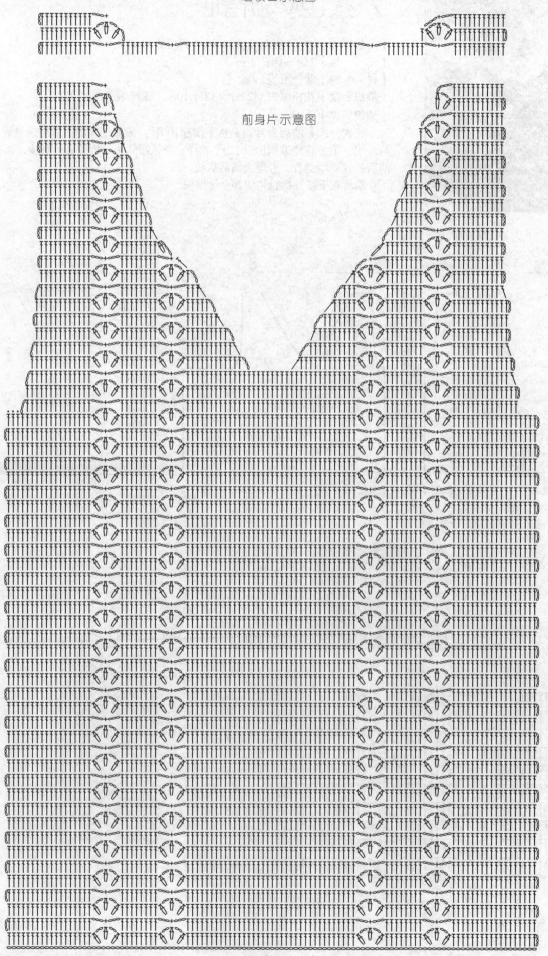

Ɽ OL蓝色短裙

【成品规格】裙长35cm，腰围69cm，下摆117cm
【工　　具】2.0mm钩针
【材　　料】蓝色棉线+1根金线共400g
【编织密度】花样编织A、C　15针×10行/10cm²
【编织要点】
　　此款针织小短裙是从腰头起96针，先编织8行花样编织A，再依照结构图及花样编织B所示共编织16组花样。
　　在裙片侧缝一侧挑针钩织53针，编织5行花样编织B，最后缝合两侧缝处，形成整体裙。

裙片主体

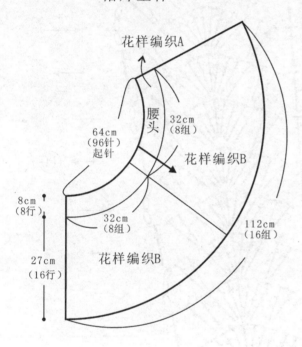

花样编织A

腰头

64cm
（96针）
起针

32cm
（8组）

花样编织B

8cm
（8行）

32cm
（8组）

27cm
（16行）

花样编织B

112cm
（16组）

侧片

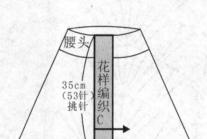

腰头

35cm
（53针）
挑针

花样编织C

5cm
（5行）

花样编织A

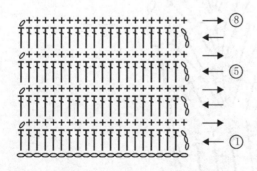

花样编织C

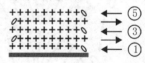

花样编织B

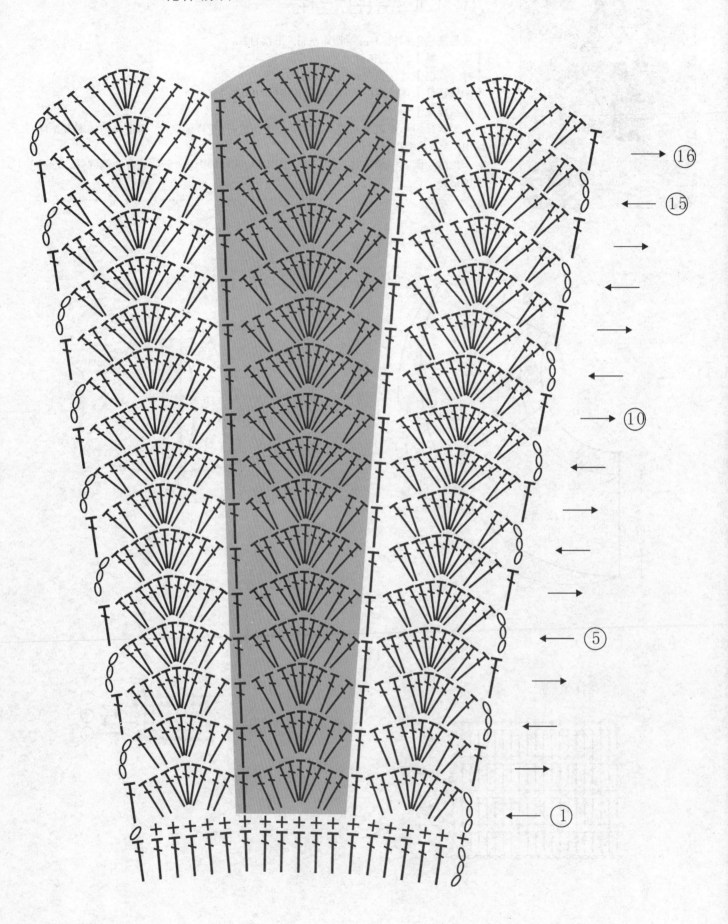

$\mathcal{S}$ 海洋之心拼花小坎肩

【成品规格】衣长41cm，胸围42cm
【工　　具】2.5mm可乐钩针
【材　　料】蓝色和白色毛线各150g
【编织要点】
    1. 参照单元花图解，每个单元花钩4行，共钩52个单元花。
    2. 参照半花图解，钩半花8个。
    3. 参照结构图和拼花图解，每钩1个单元花与前1个单元花拼合。
    4. 参照花边图解，在衣服外围钩花边。

结构图：注：其中37、39、40、45、46、48、57和58为半花

后领

	55		56	57	58	59		60	
前领	49	袖口	50	51	52	53	袖口	54	前领
37	38	39	40	41	42	43	44	45	46	47	48
25	26	27	28	29	30	31	32	33	34	35	36
13	14	15	16	17	18	19	20	21	22	23	24
1	2	3	4	5	6	7	8	9	10	11	12

39cm
（6个花）

78cm
（12个花）

单元花图解：52个

蓝色

第4行为白色

花边图解：

在灰色粗线位置钩花边

1个单元花的边对应4组花样

拼花图解：　　半花图解：8个

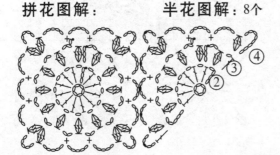

1组花样

𝒞 黄色裙衣

【成品规格】衣长65cm，胸围80cm
【工　　具】3.5mm可乐钩针
【材　　料】黄色毛线400g
【编织要点】

　　1.参照圆花和拼花的图解，从下摆起针圈拼22个花。

　　2.参照图1，圈钩22组花样，钩8行。再接圈拼22个花。

　　3.参照图2，圈钩22组花样，钩13行。侧缝减针2组花样，再接圈拼20个花。

　　4.参照图3，圈钩20组花样，钩11行。参照图4，圈钩20组花样，钩15行。

　　5.参照图5，前片左右片各钩5.5组花样，后片左右片各钩5组花样，在最后4行减针后接圆花。

　　6.参照领口和袖口花边，钩领口和袖口花边1行。参照下摆花边，钩下摆花边1行。

结构图：

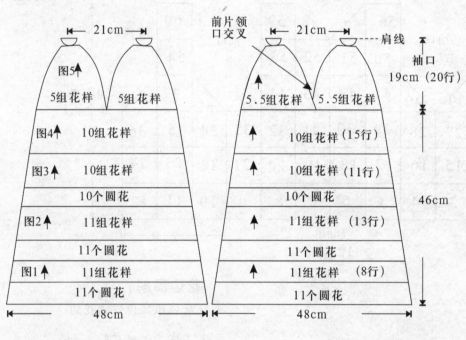

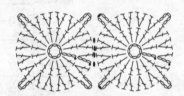

圆花和拼花的图解：

肩线圆花的图解：
2个

领口和袖口的花边图解：

图1的图解：

灰色部分为
1组花样

图2的图解：

灰色部分为
1组花样

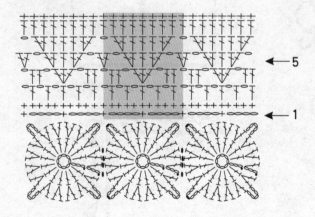

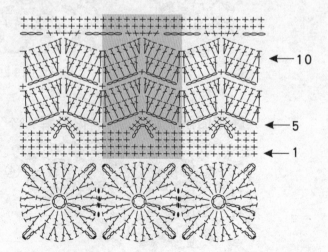

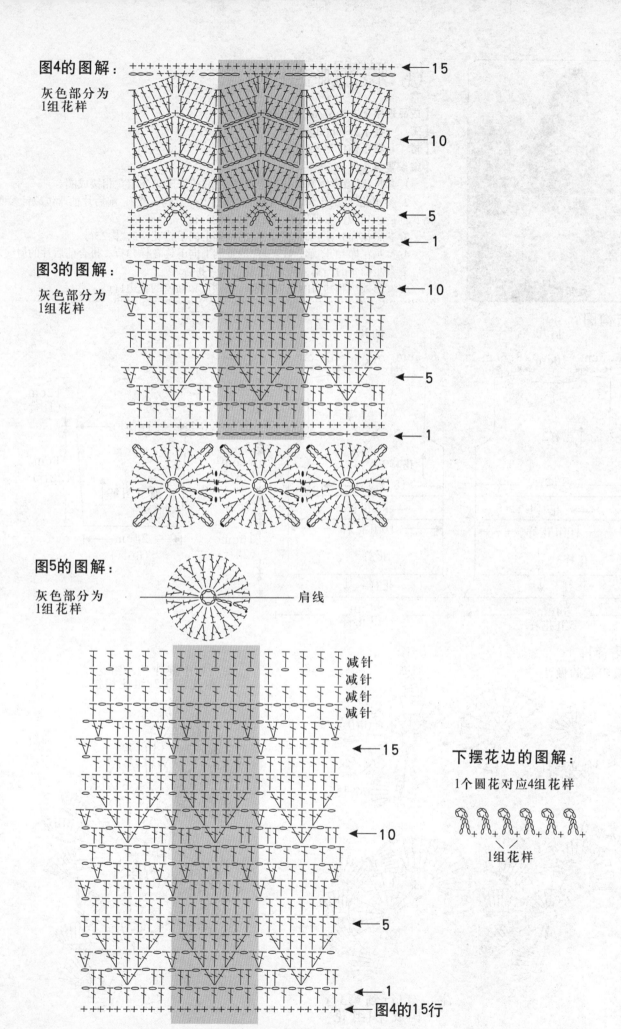

图4的图解：
灰色部分为
1组花样

← 15
← 10
← 5
← 1

图3的图解：
灰色部分为
1组花样

← 10
← 5
← 1

图5的图解：
灰色部分为
1组花样

肩线

减针
减针
减针
减针

← 15
← 10
← 5
← 1
← 图4的15行

下摆花边的图解：
1个圆花对应4组花样

1组花样

U 浪漫橘红衫

【成品规格】衣长61cm，胸围86cm
【工　　具】3.0mm可乐钩针
【材　　料】橘色毛线350g
【编织要点】

1. 参照花样1的图解，钩28组花样，第1组花和第28组花相接成圈。
2. 参照花样2的图解，在花样1的基础上向上钩花样2，前后片袖弯位减针参照图解，前后领口减针参照图解。前后片各钩36行。
3. 参照花样3的图解，在花样1的基础上向下钩花样3，钩25行。
4. 参照花样4的图解，在花样3的基础上向下钩花样4，13行。拼合前后片的肩线。
5. 参照袖子的图解，钩袖子2片与衣身拼合。
6. 参照领口和袖口的花边图解，钩领口和袖口的花边1行。

结构图：

后片

8.5cm　20cm　8.5cm

↑花样2

←（112针）

→花样1

10组花样

花样3　↓

花样4　↓

54cm
5组花样

前片

8.5cm　20cm　8.5cm

↑花样2

←（81针）

→花样1

10组花样

花样3　↓

花样4　↓

54cm
5组花样

16cm（20行）
11cm（16行）
9cm
16cm（25行）
9cm（13行）

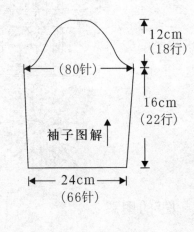

（80针）

袖子图解↑

12cm（18行）
16cm（22行）

24cm（66针）

花样1：

每组花的做法

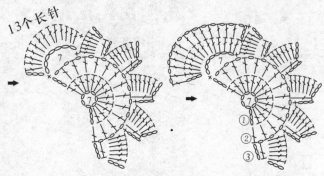

3个立起针，13个长针

6个长针

13个长针

注：第1行到第3行
构成第1组花

按照如下规律钩28组花样，
第1组花和第28组花相接

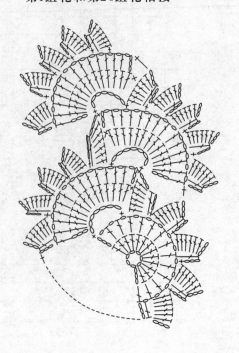

100

花样2：在花样1的基础上向上钩花样2

左右前片领口对称

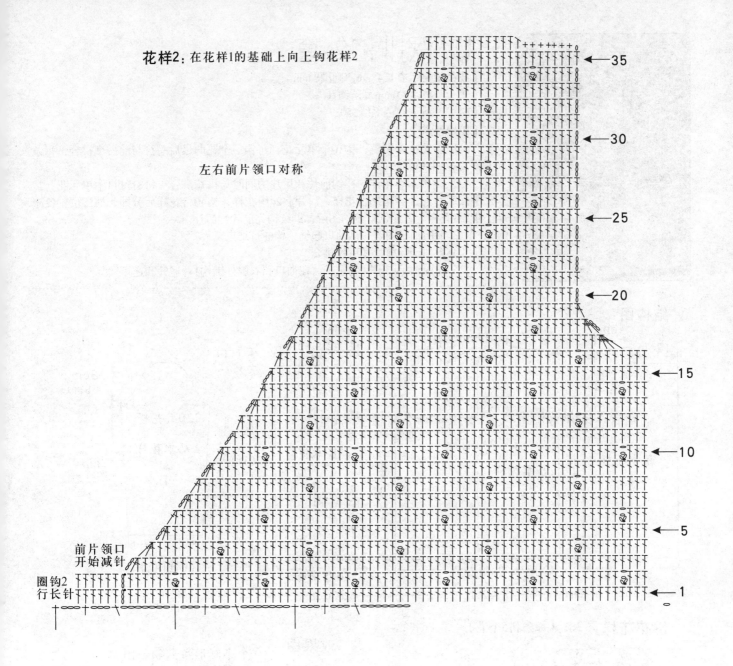

← 35
← 30
← 25
← 20
← 15
← 10
← 5
← 1

前片领口
开始减针

圈钩2
行长针

后片领口

35 →

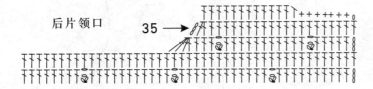

领口和袖口的花边图解：

ᵛ 双排扣外套

【成品规格】衣长48cm，胸围84cm
【工　　具】3.0mm可乐钩针
【材　　料】红色毛线350g
【编织要点】

1. 参照拼花图解，钩10个单元花，每钩一个花的最后一行与前一个拼合，每条拼花各5个单元花。

2. 参照基本花样，在钩前片和后片的同时与拼花拼合，每8行拼1个单元花。从下摆起针前片各起16组花样，后片起24组花样，钩40行花样后分袖，袖弯位置各减少2组花样。参照领弯位的图解，继续钩完前片和后片。

3. 参照袖子图解，从袖口起针，钩68行结束。

4. 将袖子与前片和后片拼合。

5. 参照领子图解，钩领子。在袖口和衣服外围钩1行短针和逆短针。

结构图：

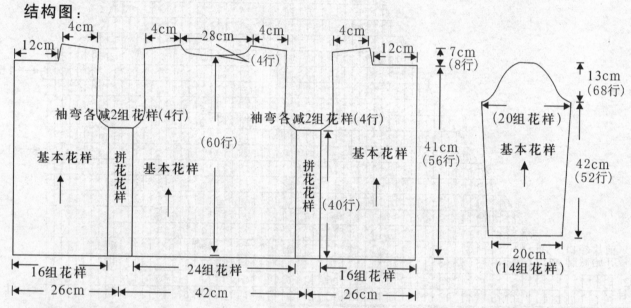

拼花花样：2条（每条拼5个花）

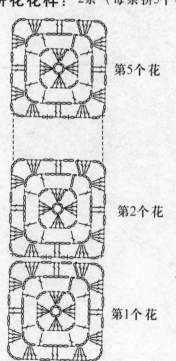

第5个花

第2个花

第1个花

效果图

6个半圆形参照领子图解

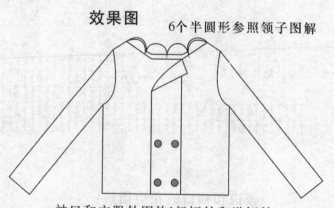

袖口和衣服外围钩1行短针和逆短针

领子图解：领子需钩6组花样

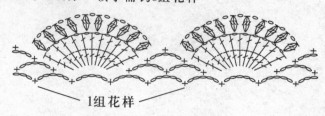

1组花样

袖子图解：

袖中线

基本花样：

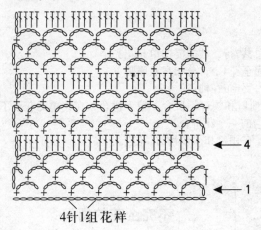

4针1组花样

领弯位的图解：

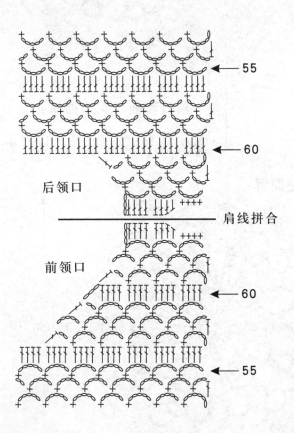

后领口

肩线拼合

前领口

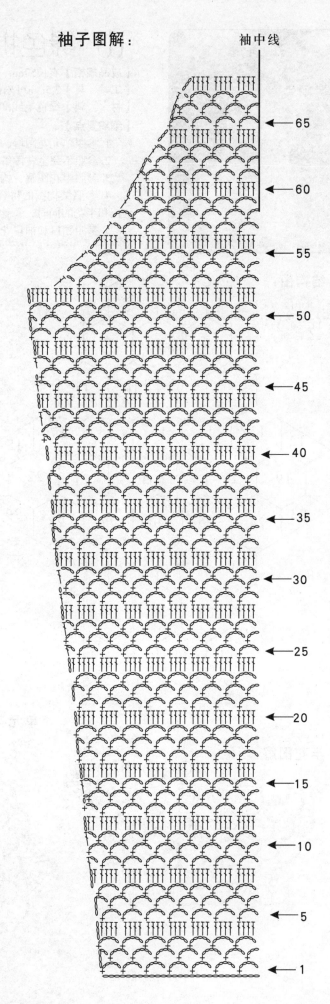

65

60

55

50

45

40

35

30

25

20

15

10

5

1

ＵＪ 绿色拼花套头衫

【成品规格】衣长57cm，胸围90cm
【工　　具】2.5mm可乐钩针
【材　　料】绿色毛线300g
【编织要点】

　　1. 参照单元花图解，单元花总共7行，共需要钩单元花33个。

　　2. 参照不完全花图解，钩不完全花4个，分布在衣服腋下。

　　3. 参照半花图解，钩半花4个，分布在袖口。

　　4. 参照结构图的拼合方法，袖口和领口不拼合，腋下拼合，在钩单元花、不完全花和半花的同时，每钩一个花与前一个花拼合。

　　5. 参照领口和袖口花边图解，在领口和袖口钩2行花边。

结构图：

注：其中12、18和23、29为半花，8、11、30、33为不完全花。

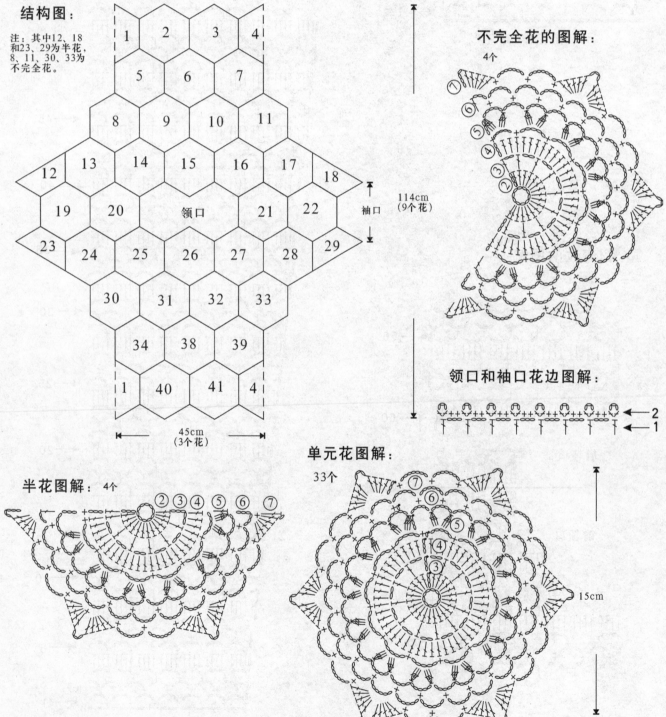

45cm
(3个花)

114cm
(9个花)

袖口

领口

不完全花的图解：

4个

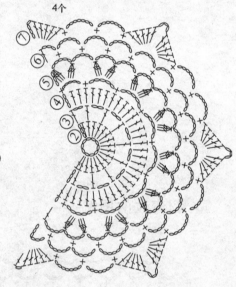

领口和袖口花边图解：

←2
←1

半花图解：4个

单元花图解：

33个

15cm

ℋ 粉紫色罩衫

【成品规格】衣长40cm，胸围80cm
【工　　具】3.0mm可乐钩针
【材　　料】紫色毛线300g
【编织要点】

　1. 衣服分2片钩编而成。

　2. 参照后片花样，从圆心起针，灰色部分为1组花样，分4组花样钩编完成。注意袖口和领口的减针。

　3. 参照前片花样，从圆心起针，注意袖口和领口的减针。

　4. 参照领口、袖口和下摆的花边图解，钩领口、袖口和下摆。

结构图：

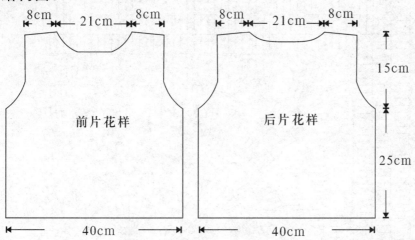

领口、袖口和下摆花边的图解：

前片花样：

前中线

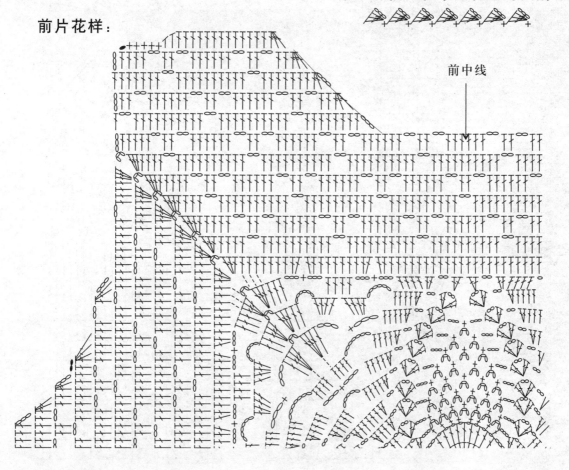

后中线

Y 粉色市耳边小外套

【成品规格】 衣长45cm，胸围92cm，袖长45cm，背肩宽48cm
【工　　具】 1.6mm钩针
【材　　料】 大红色粗毛线500g
【编织密度】 花样编织 1.5cm × 3cm（3行）/1个
【编织要点】

　　此款针织衫前后身片为整体编织，是从下摆起57个花样，依照结构图及花样编织图所示进行编织，编织完整后缝合前后肩线处。

　　袖片是从袖口起20个花样，依照结构图所示进行编织，编织完整后安装在衣身片袖隆处。

　　最后，在领口、门襟、下摆、袖口处分别挑针钩织相应缘编织。

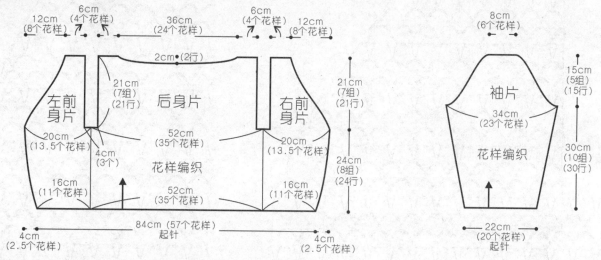

缘编织

领口、门襟、下摆、袖口示意图
缘编织

花样编织

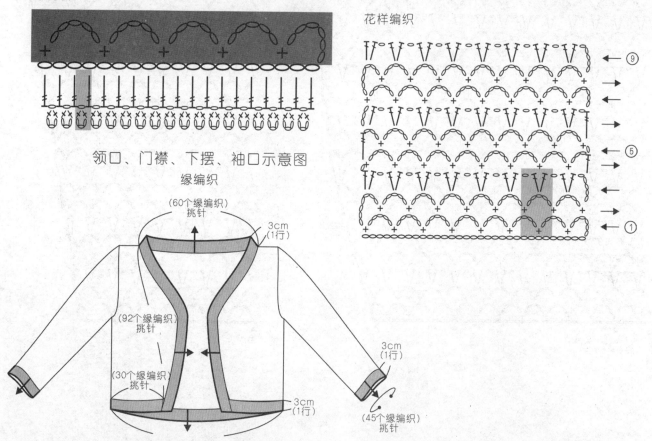

前身片花样编织示意图

1/2袖片编织示意图

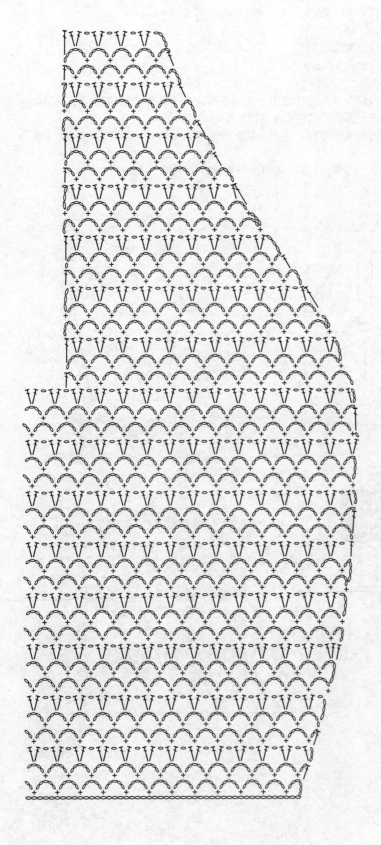

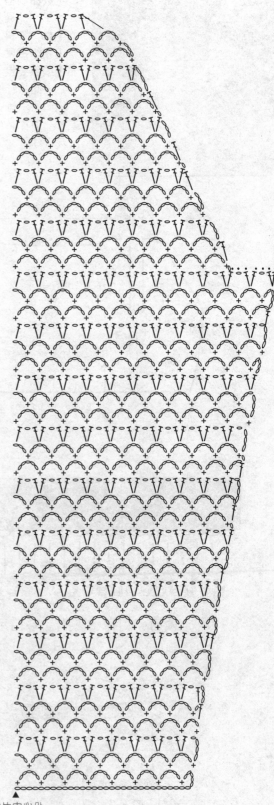

▲袖片中心处

黄色小外套

【成品规格】衣长36cm，胸围72cm，袖长47cm，肩宽32cm
【工　　具】2.0mm钩针
【材　　料】橙黄色4股棉线260g
【编织密度】花样编织A 26针×13行/10cm²
【编织要点】

　　此款针织衫后身片是从下摆起94针，依照结构图及花样编织A进行编织完整。

　　前身片是先编织花样编织B，编织完整后，再在上端依照前身片花样拼接图挑针钩织花样编织C，编织完整左右前身片后，拼接前后身片侧缝及肩斜处。

　　袖片是从袖口起58针，依照结构图加减针方法编织袖片，编织完整后安装在衣身片袖隆处。

　　最后，在袖口处挑针钩织18个缘编织A，在领口、门襟及下摆处挑针钩织缘编织A。

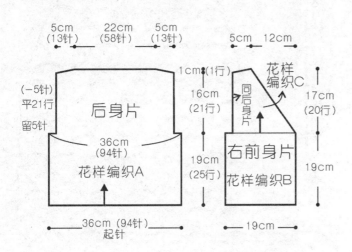

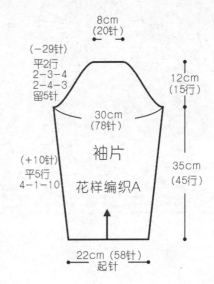

衣身片示意图

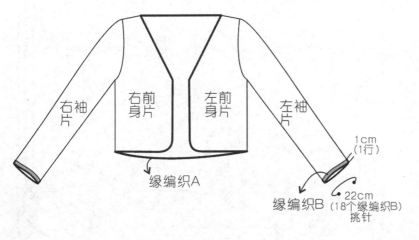

花样编织A

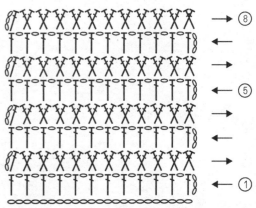

缘编织A

缘编织B

++++++++++++++

花样编织B

右前身片花样

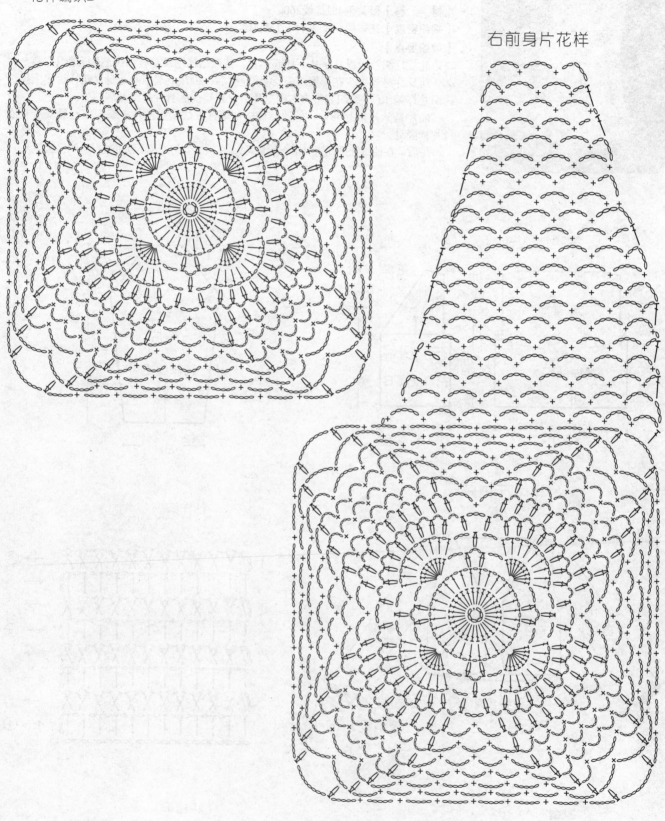